학기별 계산력 강화 프로그램

바쁜
5학년을
위한

빠른
교과서
연산

수학 전문학원의
연산 꿀팁으로
계산이 빨라져요!

학교 진도
맞춤 연산 5-1학기

이지스에듀

## 저자 소개

**징검다리 교육연구소** 적은 시간을 투입해도 오래 기억에 남는 학습의 과학을 생각하는 이지스에듀의 공부 연구소입니다. 아이들이 기계적으로 공부하지 않도록, 두뇌가 활성화되는 과학적 학습 설계가 적용된 책을 만듭니다.

**최순미** 선생님은 징검다리 교육연구소의 대표 저자입니다. 이지스에듀에서 《바쁜 5·6학년을 위한 빠른 연산법》과 《바쁜 3·4학년을 위한 빠른 연산법》, 《바쁜 1·2학년을 위한 빠른 연산법》 시리즈를 집필, 새로운 교육 과정에 걸맞은 연산 교재로 새 바람을 불러일으켰습니다. 지난 20여 년 동안 EBS, 디딤돌 등과 함께 100여 종이 넘는 교재 개발에 참여해 왔으며 《EBS 초등 기본서 만점왕》, 《EBS 만점왕 평가문제집》 등의 참고서 외에도 《눈높이수학》 등 수십 종의 교재 개발에 참여해 온, 초등 수학 전문 개발자입니다.

바빠 교과서 연산 시리즈 ⑨

바쁜 5학년을 위한
빠른 교과서 연산 5-1학기

초판 발행 2019년 6월 27일
초판 11쇄 2024년 12월 15일
지은이 징검다리 교육연구소, 최순미
발행인 이지연
펴낸곳 이지스퍼블리싱(주)
출판사 등록번호 제313-2010-123호
주소 서울시 마포구 잔다리로 109 이지스빌딩 5층(우편번호 04003)
대표전화 02-325-1722               팩스 02-326-1723
이지스퍼블리싱 홈페이지 www.easyspub.com        이지스에듀 카페 www.easysedu.co.kr
바빠 아지트 블로그 blog.naver.com/easyspub        인스타그램 @easys_edu
페이스북 www.facebook.com/easyspub2014        이메일 service@easyspub.co.kr

기획 및 책임 편집 박지연, 조은미, 정지연, 김현주, 이지혜   교정 박현진, 나선경   문제풀이 이홍주   감수 한정우
일러스트 김학수   표지 및 내지 디자인 이유경, 정우영   전산편집 아이에스   인쇄 보광문화사
영업 및 문의 이주동, 김요한(support@easyspub.co.kr)   독자 지원 박애림, 김수경   마케팅 라혜주

이 책의 전자책 판도 온라인 서점에서 구매할 수 있습니다.
교사나 부모님들이 스마트폰이나 패드로 보시면 유용합니다.

ISBN 979-11-6303-089-8 64410
ISBN 979-11-6303-032-4(세트)
가격 9,000원

• **이지스에듀**는 이지스퍼블리싱의 교육 브랜드입니다.
(이지스에듀는 학생들을 탈락시키지 않고 모두 목적지까지 데려가는 책을 만듭니다!)

# 덜 공부해도 더 빨라지네? 왜 그럴까?

☆ 이번 학기에 필요한 연산을 한 권에 담은 두 번째 수학 익힘책!

'바빠 교과서 연산'은 이번 학기에 필요한 연산만 모아 똑똑한 방식으로 훈련하는 '학교 진도 맞춤 연산 책'입니다. 실제 요즘 학교에서 배우는 방식으로 설명하고, 작은 발걸음 방식으로 차 근차근 문제를 풀도록 배치했습니다. 교과서 부교재처럼 이 책을 푼 후, 학교에 가면 반복 학습 효과가 높을 뿐 아니라 수학에 자신감도 생깁니다.

☆☆ 친구들이 자주 틀린 연산 집중 훈련으로 똑똑하게 완성!

공부는 양보다 질이 더 중요합니다. 쉬운 연산을 반복해서 풀기보다는 내가 약한 연산을 강화해야 실력이 쌓입니다. 그래서 이 책은 연산의 기본기를 다진 다음 친구들이 자주 틀리는 연산만 따로 모아 집중 훈 련합니다. 또래 친구들이 자주 틀린 문제를 나도 틀릴 확률이 높기 때 문이지요.

친구들이 자주 틀린 연산을 연습하니 더 빨라!

또 '내가 틀린 문제'를 따로 적어 한 번 더 복습합니다. 이렇게 훈련하 면 적은 시간을 공부해도 연산 실수를 확실히 줄일 수 있습니다. 5분 을 풀어도 15분 푼 것과 같은 효과를 누릴 수 있는 거죠!

☆☆☆ 수학 전문학원들의 연산 꿀팁이 담겨 적은 분량을 공부해도 효과적!

기존의 연산 책들은 계산 속도가 빨라지는 비법을 알려주는 대신 무지막지한 양을 풀게 해 아 이들이 연산에 질리는 경우가 많았습니다. 바빠 교과서 연산은 수학 전문학원 원장님들의 노 하우가 담긴 연산 꿀팁을 곳곳에 담아, 적은 분량을 훈련해도 계산이 더 빨라집니다!

☆☆☆☆ 목표 시계는 압박하지 않으면서 집중하게 도와 줘요!

각 쪽마다 목표 시간이 적힌 시계가 있습니다. 이 시계는 속도를 독촉하기 위한 게 아니에요. 제시된 목표 시간은 딴짓하지 않고 풀면 보통의 5학년이 풀 수 있는 시간입니다. 시간 안에 풀 었다면 웃는 얼굴 ☺에, 못 풀었다면 찡그린 얼굴 😖에 색칠하세요.

이 책을 끝까지 푼 후, 찡그린 얼굴에 색칠한 쪽만 복습한다면 정말 효과 높은 나만의 맞춤 연 산 강화 훈련이 될 거예요.

## 1. 연산도 학기 진도에 맞추면 효율적! — 학교 진도에 맞춘 학기별 연산 훈련서

'바빠 교과서 연산'은 최근 개정된 초등 수학 교과서의 단원을 제시한 연산 책입니다! 이번 학기 수학 교육과정이 요구하는 연산을 한 권에 모아 훈련할 수 있습니다.

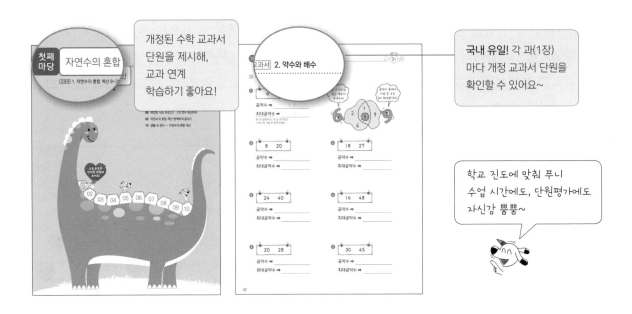

## 2. '앗 실수'와 '내가 틀린 문제'로 시간을 낭비하지 않는 똑똑한 훈련법!

'앗! 실수' 코너로 친구들이 자주 틀리는 연산을 한 번 더 훈련하고 '내가 틀린 문제'도 직접 쓰고 복습합니다. 약한 연산에 집중하는 것이 바로 시간을 허비하지 않는 비법입니다.

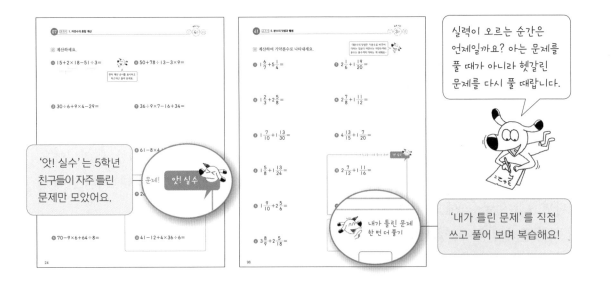

## 3. 수학 전문학원의 연산 꿀팁과 목표 시계로 학습 효과를 2배 더 높였다!

이 책에는 수학 전문학원 원장님들의 노하우가 담긴 연산 꿀팁이 가득 담겨 있습니다. 또 5학년이 충분히 풀 수 있는 목표 시간을 제시하여 집중하는 재미와 성취감까지 동시에 느낄 수 있습니다.

한 쪽을 목표 시간 안에 다 풀면 웃는 얼굴에 색칠하세요.

각 쪽마다 목표 시간이 있어요. 문제를 풀 준비가 되면 직접 스톱 워치를 실행하세요.

수학 전문학원의 연산 꿀팁을 담았어요!

연산 꿀팁 덕분에 계산 속도가 확실히 빨라졌어요!

## 4. 보너스! 기초 문장제로 확인하고 다양한 활동으로 수 응용력까지 키운다!

2019년부터 시험의 절반 이상을 서술형으로 바꾸도록 권장하는 등 점점 '서술형'의 비중이 높아집니다. 따라서 연산 훈련도 문장제까지 이어 주면 효과적입니다. 각 마당의 공부가 끝나면 '생활 속 문장제'와 '맛있는 연산 활동'으로 수 감각과 응용력을 키우며 마무리합니다.

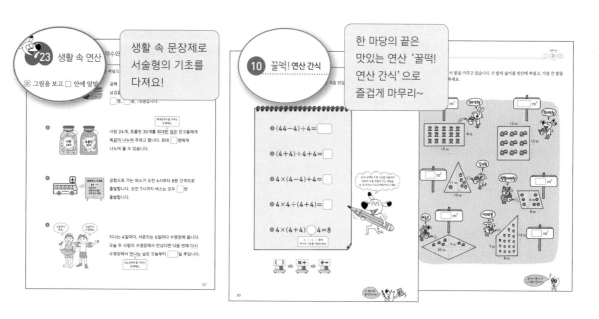

생활 속 문장제로 서술형의 기초를 다져요!

한 마당의 끝은 맛있는 연산 '꿀떡! 연산 간식'으로 즐겁게 마무리~

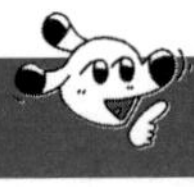

## 목차

**교과서 1. 자연수의 혼합 계산**

· 덧셈과 뺄셈이 섞여 있는 식
· 곱셈과 나눗셈이 섞여 있는 식
· 덧셈, 뺄셈, 곱셈이 섞여 있는 식
· 덧셈, 뺄셈, 곱셈, 나눗셈이 섞여 있는 식

**지도 길잡이** 5학년 1학기 첫 단원에서는 자연수의 혼합 계산을 배웁니다. 혼합 계산은 계산 순서를 정확히 아는 것이 가장 중요합니다. 계산 순서를 먼저 표시한 다음 풀도록 지도해 주세요.

**교과서 2. 약수와 배수**

· 약수와 배수
· 약수와 배수의 관계
· 공약수와 최대공약수
· 최대공약수 구하기
· 공배수와 최소공배수
· 최소공배수 구하기

**지도 길잡이** 공약수와 최대공약수는 다음 마당에서 배우게 될 약분의 기초가 되고, 공배수와 최소공배수는 통분의 기초가 됩니다. 용어와 개념을 정확히 이해하고 구할 수 있도록 지도해 주세요. 본문에 제시된 한자어에 대한 설명을 곁들이면 더 쉽게 이해할 수 있습니다.

**교과서 4. 약분과 통분**

· 크기가 같은 분수
· 분수를 간단하게 나타내기
· 분모가 같은 분수로 나타내기
· 분수의 크기 비교
· 분수와 소수의 크기 비교

지도 길잡이 기약분수로 나타낼 때 최대공약수로 한 번에 나누는 것이 편리하다는 것을 알려주세요.
통분은 두 분모의 곱을 이용하거나 두 분모의 최소공배수를 이용하는 방법 두 가지 모두 충분히 연습해야 합니다.

## 넷째 마당 · 분수의 덧셈과 뺄셈 ⸺ 83

교과서 5. 분수의 덧셈과 뺄셈

• 분모가 다른 진분수의 덧셈
• 분모가 다른 진분수의 뺄셈
• 분모가 다른 대분수의 덧셈
• 분모가 다른 대분수의 뺄셈

지도 길잡이 분모가 다른 덧셈과 뺄셈은 바로 계산할 수 없기 때문에 통분이 꼭 필요합니다. 분모의 최소공배수로 통분하면 수가 간단해져서 계산이 편리하다는 것을 알려주세요. 계산 결과가 가분수이면 대분수로 바꾸어 나타내고, 약분이 되면 기약분수로 나타내는 것이 좋습니다.

## 다섯째 마당 · 다각형의 둘레와 넓이 ⸺ 117

교과서 6. 다각형의 둘레와 넓이

• 정다각형, 사각형의 둘레 구하기
• 직사각형, 평행사변형, 삼각형, 마름모, 사다리꼴의 넓이 구하기

지도 길잡이 다각형의 둘레와 넓이를 구하는 공식은 외워서 바로 떠오르게 연습해야 시간을 단축할 수 있습니다. 반드시 공식을 외우고 풀도록 지도해 주세요.

# ☆ 나만의 공부 계획을 세워 보자

나의 권장 진도 [  ] 일

나는?

- ☑ 저는 수학 문제집만 보면 졸려요.
- ☑ 예습하는 거예요.
- ☑ 초등 5학년이지만 수학 문제집을 처음 풀어요.

**하루 한 장 60일 완성!**

| 1일차 | 1과 |
|---|---|
| 2일차 | 2과 |
| 3~58일차 | 하루에 한 과 (1장)씩 공부! |
| 59, 60일차 | 틀린 문제 복습 |

나는?

- ☑ 자꾸 연산 실수를 해서 속상해요.
- ☑ 지금 5학년 1학기예요.
- ☑ 초등 5학년으로, 수학 실력이 보통이에요.

**하루 두 장 30일 완성!**

| 1일차 | 1, 2과 |
|---|---|
| 2일차 | 3, 4과 |
| 3~29일차 | 하루에 두 과 (2장)씩 공부! |
| 30일차 | 틀린 문제 복습 |

나는?

- ☑ 저는 더 빨리 풀고 싶어요.
- ☑ 수학을 잘하지만 실수를 줄이고 싶어요.
- ☑ 복습하는 거예요.

**하루 세 장 20일 완성!**

| 1일차 | 1~4과 |
|---|---|
| 2일차 | 5~7과 |
| 3~19일차 | 하루에 세 과 (3장)씩 공부! |
| 20일차 | 틀린 문제 복습 |

---

## ▶ 이 책을 지도하는 학부모님께!

### 1. 하루 딱 10분,
연산 공부 환경을 만들어 주세요.

### 2. 목표 시간은
속도를 재촉하기 위한 것이 아니라 공부 집중력을 위한 장치입니다.

목표 시간 3분

아이가 공부할 때 부모님도 스마트폰이나 TV를 꺼 주세요. 한 장에 10분 내외면 충분해요. 이 시간만큼은 부모님도 책을 읽거나 연산 책을 같이 푸는 모습을 보여 주세요! 그러면 아이는 자연스럽게 집중하여 공부하게 됩니다.

책 속에 제시된 목표 시간은 속도 측정용이 아니라 정확하게 풀 수 있는 넉넉한 시간입니다. 그러므로 복습용으로 푼다면 목표 시간보다 빨리 푸는 게 좋습니다.

♥ 그리고 공부를 마치면 꼭 칭찬해 주세요! ♥

## 첫째마당 자연수의 혼합 계산

교과서 1. 자연수의 혼합 계산

오늘 공부한 단계를 색칠해 보세요!

## ☆ 자연수의 혼합 계산

### ① 덧셈과 뺄셈이 섞여 있는 식은 앞에서부터!

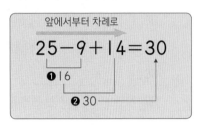

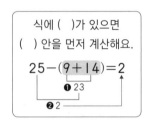

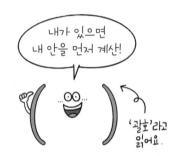

### ② 곱셈과 나눗셈이 섞여 있는 식도 앞에서부터!

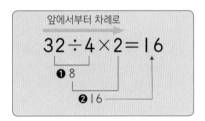

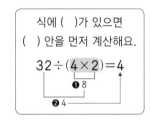

### ③ 덧셈, 뺄셈, 곱셈, 나눗셈이 섞여 있는 식은 곱셈과 나눗셈 먼저!

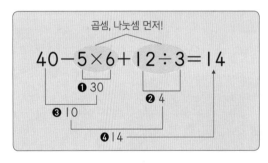

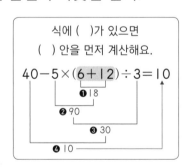

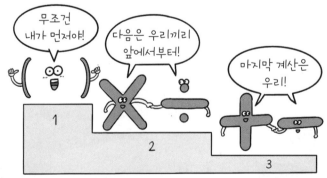

## 01 덧셈과 뺄셈이 섞인 식은 앞에서부터!

❀ 계산하세요.

덧셈과 뺄셈이 섞여 있으면
앞에서부터 순서대로 계산해요.

앞에서부터 차례로

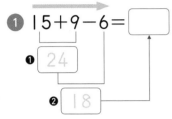

❶ $15+9-6=$ 

❶ 24
❷ 18

❼ $35+7-13=$

❷ $16-7+12=$

❽ $61-32+14=$

❸ $23+29-16=$

식 아래에 계산 순서를
표시해 두면 실수가
줄어요.

❾ $43+28-34=$

❹ $30-13+25=$

❿ $54-37+12=$

❺ $36+14-21=$

⓫ $72+19-29=$

❻ $45-29+17=$

⓬ $80-54+35=$

혼합 계산은 먼저 계산 순서를 식 아래에 표시한 다음 계산하는 습관을 들이면 실수를 줄일 수 있습니다.

## 🎴 계산하세요.

**①** ( ) 안 먼저!

$17 + (14 - 8) =$ ☐

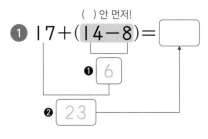

**②** $30 - (5 + 19) =$ ☐

**③** $32 + (23 - 15) =$

**④** $52 - (16 + 27) =$

**⑤** $43 + (26 - 18) =$

**⑥** $70 - (35 + 29) =$

**⑦** $25 + (24 - 7) =$

**⑧** $61 - (25 + 9) =$

**⑨** $13 + (50 - 12) =$

**⑩** $80 - (17 + 34) =$

**⑪** $48 + (63 - 45) =$

**⑫** $76 - (29 + 19) =$

## 02 곱셈과 나눗셈이 섞인 식도 앞에서부터!

✕ 계산하세요.

앞에서부터 차례로

곱셈과 나눗셈이 섞여 있으면
앞에서부터 순서대로 계산해요.

① 12×3÷6 = ☐

❶ 36

❷ 6

⑥ 42÷6×10 =

② 24÷8×13 = ☐

⑦ 12×7÷4 =

③ 15×4÷3 =

식 아래에 계산 순서를
표시하고 풀어 보세요~

⑧ 48÷3×6 =

④ 35÷5×8 =

⑨ 33×3÷9 =

⑤ 24×3÷2 =

⑩ 88÷11×7 =

13

❀ 계산하세요.

( ) 안 먼저!

**1** $8 \times (28 \div 7) =$ ▢

❶ 4

❷ 32

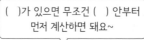

( )가 있으면 무조건 ( ) 안부터 먼저 계산하면 돼요~

**7** $14 \times (28 \div 7) =$

**2** $56 \div (2 \times 7) =$ ▢

**8** $84 \div (7 \times 3) =$

**3** $5 \times (54 \div 6) =$

**9** $3 \times (60 \div 4) =$

**4** $45 \div (5 \times 3) =$

**10** $96 \div (4 \times 8) =$

**5** $7 \times (18 \div 2) =$

**11** $4 \times (65 \div 5) =$

**6** $72 \div (3 \times 6) =$

**12** $120 \div (5 \times 4) =$

# 03 덧셈, 뺄셈, 곱셈이 섞인 식은 곱셈 먼저!

✿ 계산하세요.

곱셈 먼저!

① $26 + 5 \times 3 - 14 =$ ☐

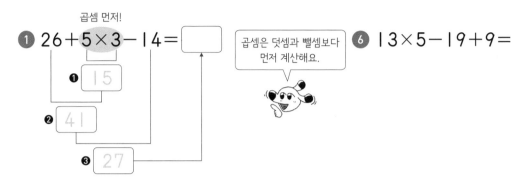

❶ 15
❷ 41
❸ 27

곱셈은 덧셈과 뺄셈보다
먼저 계산해요.

⑥ $13 \times 5 - 19 + 9 =$

② $12 \times 3 - 17 + 25 =$ ☐

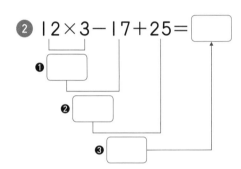

❶
❷
❸

⑦ $28 + 4 \times 6 - 15 =$

③ $35 - 8 + 8 \times 7 =$ ☐

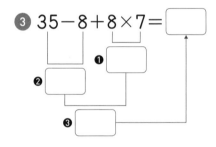

❶
❷
❸

⑧ $46 - 14 \times 2 + 27 =$

④ $34 + 36 - 11 \times 3 =$

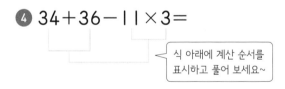

식 아래에 계산 순서를
표시하고 풀어 보세요~

⑨ $52 - 27 + 18 \times 2 =$

곱셈을 먼저 계산한 다음에는
앞에서부터 차례로 계산해야 돼요.

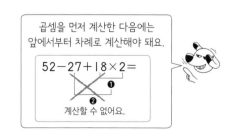

$52 - 27 + 18 \times 2 =$
❶
❷
계산할 수 없어요.

⑤ $41 - 3 \times 9 + 16 =$

목표 시간
3분

❀ 계산하세요.

① $5 \times 9 + 16 - 13 =$

먼저 계산 순서를 표시하고
차근차근 풀어 보세요.

⑥ $12 \times 5 - 53 + 17 =$

② $38 + 7 \times 2 - 25 =$

⑦ $31 - 12 + 16 \times 2 =$

③ $20 - 4 + 3 \times 6 =$

⑧ $26 + 9 \times 4 - 13 =$

친구들이 자주 틀리는 문제!   앗! 실수

④ $50 - 14 \times 3 + 15 =$

⑨ $39 + 43 - 17 \times 2 =$

⑤ $47 + 34 - 8 \times 2 =$

⑩ $58 + 64 - 19 \times 3 =$

# 04 ( ) 안이 가장 먼저! 곱셈은 덧셈, 뺄셈보다 먼저!

목표 시간 3분

계산하세요.

괄호 안 → 곱셈 → 덧셈, 뺄셈 순서로 계산하면 돼요.

( ) 안 먼저!

1 $3\times(20-4)+15=$ ☐

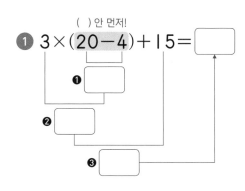

❶ ☐
❷ ☐
❸ ☐

2 $(16+9)\times2-23=$ ☐

❶ 25
❷ 50
❸ ☐

3 $23+4\times(12-5)=$ ☐

❶ ☐
❷ ☐
❸ ☐

4 $12+(40-28)\times4=$

식 아래에 계산 순서를 표시하고 풀어 보세요~

5 $35+2\times(31-13)=$

6 $5\times(8+6)-45=$

7 $(17+18)\times2-29=$

8 $22+4\times(23-6)=$

9 $70-(12+9)\times3=$

10 $90-2\times(23+14)=$

목표 시간 3분

❀ 계산하세요.

❶ $(5+8)\times4-41=$

( )가 있으면
( ) 안을 먼저 계산해요!

❻ $18+(23-8)\times3=$

❷ $6+3\times(20-14)=$

❼ $50-2\times(17+4)=$

❸ $3\times(4+9)-15=$

❽ $7+(35-19)\times4=$

❹ $16+(35-8)\times2=$

❾ $12+8\times(44-38)=$

❺ $70-4\times(6+7)=$

❿ $3\times(13+17)-52=$

## 05 덧셈, 뺄셈, 나눗셈이 섞인 식은 나눗셈 먼저!

✿ 계산하세요.

나눗셈은 덧셈과 뺄셈보다
먼저 계산해요.

**①** 나눗셈 먼저!
$25 + 30 ÷ 5 - 8 =$

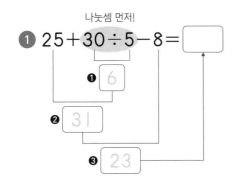

**❻** $30 ÷ 2 - 8 + 27 =$

**②** $64 ÷ 2 - 16 + 7 =$

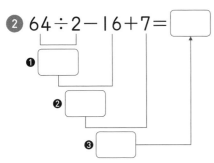

**❼** $24 - 51 ÷ 3 + 13 =$

**③** $51 - 12 + 36 ÷ 4 =$

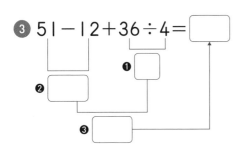

**❽** $35 + 76 ÷ 4 - 16 =$

**④** $20 - 60 ÷ 5 + 32 =$

식 아래에 계산 순서를
표시하고 풀어 보세요~

**❾** $45 - 26 + 81 ÷ 9 =$

나눗셈을 먼저 계산한 다음에는
앞에서부터 차례로 계산해야 돼요.

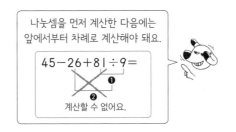

$45 - 26 + 81 ÷ 9 =$

계산할 수 없어요.

**⑤** $33 + 17 - 28 ÷ 2 =$

목표 시간 **3**분

❀ 계산하세요.

**1** $15+32\div4-7=$

나눗셈은 덧셈, 뺄셈보다 먼저 계산해요.

**6** $23-45\div9+16=$

**2** $26-9+56\div8=$

**7** $49+33\div3-14=$

**3** $42\div2-14+36=$

**8** $54\div2+25-18=$

친구들이 자주 틀리는 문제! 앗! 실수

**4** $50-93\div3+22=$

**9** $45+37-69\div3=$

**5** $17+36-48\div12=$

**10** $65-58\div2+32=$

✳ 계산하세요.

> 괄호 안 → 나눗셈 → 덧셈, 뺄셈
> 순서로 계산하면 돼요.

( ) 안 먼저!

**❶** $18+40\div(17-9)=$ ⬜

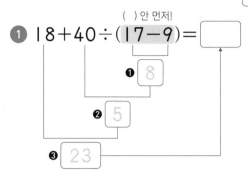

❶ 8
❷ 5
❸ 23

**❻** $14-(46+17)\div9=$

**❷** $23-(19+13)\div4=$ ⬜

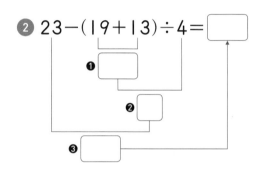

❶
❷
❸

**❼** $15+(62-6)\div8=$

**❸** $54\div(30-24)+25=$ ⬜

❶
❷
❸

**❽** $(43+27)\div2-19=$

**❹** $32-60\div(3+9)=$

> 식 아래에 계산 순서를
> 표시하고 풀어 보세요~

**❾** $52+38\div(26-7)=$

**❺** $28+(44-5)\div3=$

**❿** $60-72\div(9+15)=$

21

목표 시간 3분

✂️ 계산하세요.

① $14+(84-28)\div7=$

( )가 있으면 무조건
( ) 안을 먼저 계산해요.

② $33\div(4+7)-3=$

③ $(29+16)\div3-8=$

④ $65\div(21-8)+36=$

⑤ $26+(67-19)\div3=$

⑥ $84\div(3+9)-2=$

⑦ $(17+25)\div3-5=$

⑧ $24-(45+35)\div5=$

⑨ $57+78\div(32-6)=$

⑩ $90-95\div(12+7)=$

**07** 곱셈, 나눗셈 먼저! 덧셈, 뺄셈은 뒤에 계산하자

✂️ 계산하세요.

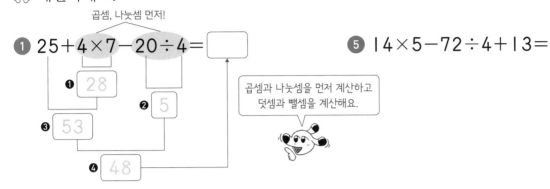

곱셈, 나눗셈 먼저!

❶ $25+4\times7-20\div4=\boxed{\phantom{00}}$

❶ 28  ❷ 5  ❸ 53  ❹ 48

곱셈과 나눗셈을 먼저 계산하고
덧셈과 뺄셈을 계산해요.

❺ $14\times5-72\div4+13=$

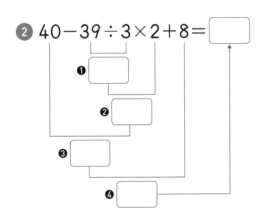

❷ $40-39\div3\times2+8=\boxed{\phantom{00}}$

❻ $20\times3-58+36\div3=$

❸ $30\div5+9\times4-29=\boxed{\phantom{00}}$

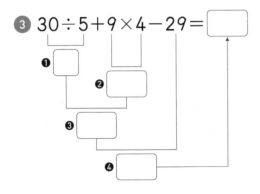

❼ $46+84\div7-2\times9=$

❹ $20+60\div5\times3-8=$

식 아래에 계산 순서를
표시하고 풀어 보세요~

❽ $23-15+4\times9\div6=$

❀ 계산하세요.

**1** $15+2×18-51÷3=$

먼저 계산 순서를 표시하고
차근차근 풀어 보세요.

**6** $50+78÷13-3×9=$

**2** $30÷6+9×4-29=$

**7** $36÷9×7-16+34=$

**3** $45-8×5÷2+16=$

**8** $61-8×4÷16+5=$

친구들이 자주 틀리는 문제!  앗! 실수

**4** $28+4×12÷8-15=$

**9** $28+36-24÷4×3=$

**5** $70-9×6+64÷8=$

**10** $41-12+4×36÷6=$

목표 시간 **3분**

✂ 계산하세요.

괄호 안 → 곱셈, 나눗셈 → 덧셈, 뺄셈
순서로 계산하면 돼요.

( ) 안 먼저!

**1** $30-8\times(15\div5)+7=$ ☐

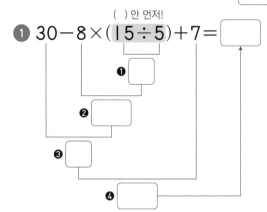

**5** $(65-29)\div4\times2+13=$

**2** $56\div(13-6)+6\times8=$ ☐

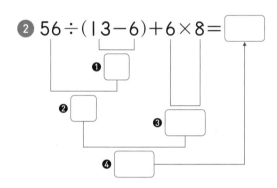

**6** $19+3\times(32-18)\div2=$

**3** $21-(15+25)\times2\div16=$ ☐

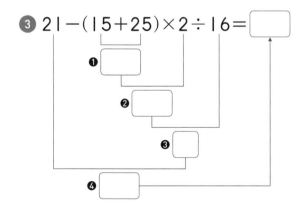

**7** $100-(27+6)\div3\times8=$

**4** $17+65\div13\times(53-45)=$

식 아래에 계산 순서를
표시하고 풀어 보세요~

**8** $60\div(23-18)+17\times4=$

✂ 계산하세요.

**1** $45 \div (21 - 16) + 13 \times 4 =$

( ) 안이 가장 먼저! 그런 다음
곱셈, 나눗셈을 계산해요.
덧셈, 뺄셈은 맨 나중이에요!

**2** $(4 + 5) \times 3 - 72 \div 12 =$

**3** $(37 + 26) \div 9 \times 3 - 14 =$

**4** $25 + 3 \times (14 - 8) \div 2 =$

**5** $60 - (36 + 24) \div 15 \times 7 =$

**6** $50 - 2 \times (36 \div 2) + 9 =$

**7** $15 + 54 \div 6 \times (22 - 17) =$

**8** $18 \times (23 - 18) \div 3 + 38 =$

**9** $(53 - 17) \div 18 + 13 \times 6 =$

**10** $64 + 46 \div (32 - 9) \times 3 =$

## 09 자연수의 혼합 계산 완벽하게 끝내기

여기까지 오다니 정말 대단해요!
이제 자연수의 혼합 계산을 모아
풀면서 완벽하게 마무리해요!

❀ 계산하세요.

① $3 \times 18 \div 6 =$

② $38 \div 2 + 7 - 8 =$

③ $6 + 15 - 9 \times 4 \div 12 =$

④ $25 + 2 \times 28 - 36 \div 9 =$

⑤ $(44 - 16) \div 4 + 8 \times 7 =$

⑥ $96 \div (16 \times 3) =$

⑦ $29 + 2 \times (11 - 4) =$

⑧ $32 - (25 + 15) \div 5 =$

⑨ $72 \div (6 + 2) \times 5 - 8 =$

⑩ $6 + (21 - 5) \times 4 \div 8 =$

※ 계산을 하고, 계산 결과를 비교하여 ◯ 안에 >, =, <를 알맞게 써넣으세요.

① $32-17+8=\boxed{\phantom{00}}$ ◯ $32-(17+8)=\boxed{\phantom{00}}$

괄호가 있을 때와 없을 때의 계산 결과를 비교해 봐요.

② $60\div3\times4=\boxed{\phantom{00}}$ ◯ $60\div(3\times4)=\boxed{\phantom{00}}$

③ $41+9-5\times2=\boxed{\phantom{00}}$ ◯ $41+(9-5)\times2=\boxed{\phantom{00}}$

④ $56+28\div7-9=\boxed{\phantom{00}}$ ◯ $(56+28)\div7-9=\boxed{\phantom{00}}$

⑤ $8+3\times20-12\div6=\boxed{\phantom{00}}$ ◯ $8+3\times(20-12)\div6=\boxed{\phantom{00}}$

⑥ $15+9\times2\div3-7=\boxed{\phantom{00}}$ ◯ $(15+9)\times2\div3-7=\boxed{\phantom{00}}$

목표 시간
3분

❀ 그림을 보고 ☐ 안에 알맞은 수를 써넣으세요.

**①**

☐ + ☐ − ☐ = ☐

우리 반은 남학생이 16명, 여학생이 15명입니다.
이 중 안경을 쓴 학생은 7명이고, 안경을 쓰지 않은
학생은 ☐ 명입니다.

**②**

☐ − ( ☐ + ☐ ) = ☐

마카롱이 24개 있었습니다. 그중에서 초코맛 마카롱
9개와 딸기맛 마카롱 6개를 상자에 담아 선물했다면
남은 마카롱은 ☐ 개입니다.

**③**

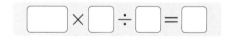
☐ × ☐ ÷ ☐ = ☐

연필 한 타는 12자루입니다. 연필 2타를 3명에게
똑같이 나누어 준다면 한 명에게 ☐ 자루씩 나누어
줄 수 있습니다.

**④**

☐ − ( ☐ + ☐ ) × ☐ = ☐

귤 30개를 남학생 6명과 여학생 8명에게 각각 2개씩
나누어 주었다면 남은 귤은 ☐ 개입니다.

숫자 4개와 수학 기호를 이용해 짝수가 나오는 식을 만들었어요. 빈칸에 알맞은 수를 써넣고, 마지막 식을 완성하세요.

**1** $(44 - 4) \div 4 = \boxed{\phantom{00}}$

**2** $(4 + 4) \div 4 + 4 = \boxed{\phantom{0}}$

**3** $4 \times (4 - 4) + 4 = \boxed{\phantom{0}}$

**4** $4 \times 4 \div (4 + 4) = \boxed{\phantom{0}}$

숫자 4개와 수학 기호를 이용하여 0부터 수를 만들어 가는 게임을 포 포즈(four fours)게임이라고 해요.

**5** $4 \times (4 + 4) \bigcirc 4 = 8$

+, −, ×, ÷ 중에 하나의 기호를 써넣으세요!

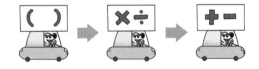

다 했어요! 꿀떡 주세요~

둘째
마당

# 약수와 배수

교과서 2. 약수와 배수

오늘 공부한
단계를 색칠해
보세요!

## ☆ 약수

6을 나누어떨어지게 하는 수를 6의 약수라고 합니다.

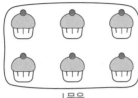

1묶음

2묶음

3묶음

6묶음

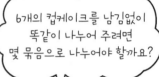

6개의 컵케이크를 남김없이
똑같이 나누어 주려면
몇 묶음으로 나누어야 할까요?

$$6 \div 1 = 6 \qquad 6 \div 2 = 3 \qquad 6 \div 3 = 2$$
$$6 \div 4 = 1 \cdots 2 \quad 6 \div 5 = 1 \cdots 1 \quad 6 \div 6 = 1$$

➡ 6의 약수 : 1, 2, 3, 6

남는 것 없이 똑같은 수의 묶음으로
나눌 수 있는 수가 약수예요!

## ☆ 배수

3을 1배, 2배, 3배…… 한 수를 3의 배수라고 합니다.

$$3 \times 1 = 3,\ 3 \times 2 = 6,\ 3 \times 3 = 9 \cdots\cdots$$

➡ 3의 배수 : 3, 6, 9……  아하! 3단 곱셈구구의 곱은
모두 3의 배수네요~

어떤 수를 몇 배 해서
얻는 수가 배수~

 잠깐! 퀴즈 - - - - - - - - - - - - - - - - - - - - - - - - - - - - - - - - - - - - - - - - - - - - - - -

어떤 수를 나누어떨어지게 하는 수를 무엇이라고 할까요?

① 약수            ② 배수

# 11 약수는 어떤 수를 나누어떨어지게 하는 수

🦴 약수를 구하세요.

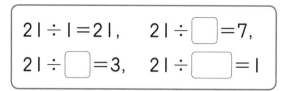
어떤 수를 나누어떨어지게 하는 수를 약수라고 해요. 나누었을 때 나머지가 0인 몫을 찾아봐요!

**1** 4의 약수

$$4 \div 1 = 4, \quad 4 \div \boxed{2} = 2,$$
$$4 \div \boxed{4} = 1$$

➡ 1, 2, 4

1부터 4까지의 수 중에서 4를 나누어떨어지게 하는 수는 뭘까요?

**4** 21의 약수

$$21 \div 1 = 21, \quad 21 \div \boxed{\phantom{0}} = 7,$$
$$21 \div \boxed{\phantom{0}} = 3, \quad 21 \div \boxed{\phantom{0}} = 1$$

➡ _____

**2** 8의 약수

$$8 \div 1 = 8, \quad 8 \div 2 = 4,$$
$$8 \div \boxed{\phantom{0}} = 2, \quad 8 \div \boxed{\phantom{0}} = 1$$

➡ _____

**5** 16의 약수

$$16 \div 1 = 16, \quad 16 \div 2 = 8,$$
$$16 \div \boxed{\phantom{0}} = 4, \quad 16 \div \boxed{\phantom{0}} = 2,$$
$$16 \div \boxed{\phantom{0}} = 1$$

➡ _____

**3** 14의 약수

$$14 \div 1 = 14, \quad 14 \div \boxed{\phantom{0}} = 7,$$
$$14 \div \boxed{\phantom{0}} = 2, \quad 14 \div \boxed{\phantom{0}} = 1$$

➡ _____

**6** 32의 약수

$$32 \div 1 = 32, \quad 32 \div 2 = 16,$$
$$32 \div \boxed{\phantom{0}} = 8, \quad 32 \div \boxed{\phantom{0}} = 4,$$
$$32 \div \boxed{\phantom{0}} = 2, \quad 32 \div \boxed{\phantom{0}} = 1$$

➡ _____

❀ 약수를 구하세요.

**①** 10의 약수

$10 \div 1 = 10, \quad 10 \div 2 = 5,$
$10 \div \boxed{\phantom{0}} = 2, \quad 10 \div \boxed{\phantom{0}} = 1$

➡ _____

**②** 12의 약수

$12 \div 1 = 12, \quad 12 \div 2 = 6,$
$12 \div \boxed{\phantom{0}} = 4, \quad 12 \div \boxed{\phantom{0}} = 3,$
$12 \div \boxed{\phantom{0}} = 2, \quad 12 \div \boxed{\phantom{0}} = 1$

➡ _____

**③** 18의 약수

$18 \div 1 = 18, \quad 18 \div 2 = 9,$
$18 \div \boxed{\phantom{0}} = 6, \quad 18 \div \boxed{\phantom{0}} = 3,$
$18 \div \boxed{\phantom{0}} = 2, \quad 18 \div \boxed{\phantom{0}} = 1$

➡ _____

**④** 24의 약수

$24 \div 1 = 24, \quad 24 \div 2 = 12,$
$24 \div 3 = 8, \quad 24 \div \boxed{\phantom{0}} = 6,$
$24 \div \boxed{\phantom{0}} = 4, \quad 24 \div \boxed{\phantom{0}} = 3,$
$24 \div \boxed{\phantom{0}} = 2, \quad 24 \div \boxed{\phantom{0}} = 1$

➡ _____

**⑤** 30의 약수

$30 \div 1 = 30, \quad 30 \div 2 = 15,$
$30 \div 3 = 10, \quad 30 \div \boxed{\phantom{0}} = 6,$
$30 \div \boxed{\phantom{0}} = 5, \quad 30 \div \boxed{\phantom{0}} = 3,$
$30 \div \boxed{\phantom{0}} = 2, \quad 30 \div \boxed{\phantom{0}} = 1$

➡ _____

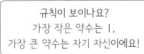

규칙이 보이나요?
가장 작은 약수는 1,
가장 큰 약수는 자기 자신이에요!

## 12 곱셈식으로 약수를 구할 수도 있어

✿ 약수를 구하세요.

1부터 9까지의 수를 모두 나누어 보지 않아도 곱셈구구를 이용하면 약수를 찾을 수 있어요.

**1** 9의 약수

$1 \times 9 = 9$
$3 \times 3 = 9$
$9 \times 1 = 9$

➡ 1, 3, 9

**7** 44의 약수

➡ _____

**2** 15의 약수

➡ 1, _____

**8** 81의 약수

➡ _____

**3** 28의 약수

➡ _____

**9** 42의 약수

➡ _____

**4** 39의 약수

➡ _____

**10** 56의 약수

➡ _____

**5** 45의 약수

➡ _____

약수 쉽게 구하는 꿀팁!

예) 12의 약수 구하기
곱이 12가 되는 곱셈식을 떠올려 봐요.
1에서 곱하는 식부터 차례로 쓰다가 수가 중복되기 전에 멈춰요.

| 1 | × | 12 |
| 2 | × | 6 |
| 3 | × | 4 |

⤶ 이렇게 돌려쓰면
12의 약수는 1, 2, 3, 4, 6, 12!

강의 보기

**6** 50의 약수

➡ _____

앞의 꿀팁처럼 약수를
빠르게 구해 볼까요?

✂️ 약수를 구하세요.

**①** 20의 약수

$1 \times 20$
$2 \times 10$
$4 \times 5$

➡ _____

**②** 35의 약수

➡ _____

**③** 22의 약수

➡ _____

**④** 63의 약수

➡ _____

**⑤** 52의 약수

➡ _____

**⑥** 49의 약수

➡ _____

약수 중 같은 수는 한 번만
써서 중복되지 않도록 해요.

**⑦** 36의 약수

➡ _____

**⑧** 40의 약수

➡ _____

친구들이 자주 틀리는 문제!  앗! 실수

**⑨** 48의 약수

➡ _____

약수의 개수가 많으면 빠뜨리는
실수를 하기 쉬우니 주의해요.

**⑩** 64의 약수

➡ _____

# 13 배수는 어떤 수를 몇 배 한 수

목표 시간 2분

※ 배수를 가장 작은 수부터 4개 쓰세요.

2를 1배 한 수 ➡ 2×1=2
2를 2배 한 수 ➡ 2×2=4
2를 3배 한 수 ➡ 2×3=6
⋮ ⋮

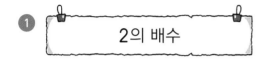

어떤 수의 배수는 셀 수 없이 많아요.

❶ 2의 배수

➡ 2, 4, 6, 8

2단 곱셈구구를 이용해 봐요~

❷ 5의 배수

➡ ______

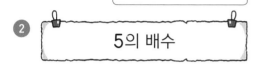

5를 1배 한 수인 5도 5의 배수예요. 어떤 수의 배수 중 가장 작은 수는 자기 자신!

❸ 6의 배수

➡ ______

❹ 8의 배수

➡ ______

❺ 9의 배수

➡ ______

❻ 11의 배수

➡ ______

❼ 13의 배수

➡ ______

❽ 14의 배수

➡ ______

❾ 25의 배수

➡ ______

❿ 30의 배수

➡ ______

⓫ 32의 배수

➡ ______

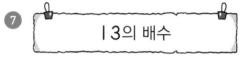

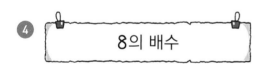

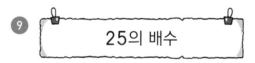

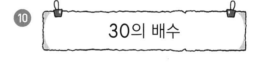

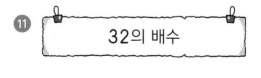

배수를 구할 때 자기 자신을 빠뜨리는 경우가 있습니다.
어떤 수의 1배인 자기 자신부터 꼭 쓰도록 하세요.

목표 시간 **3분**

☃ 배수를 가장 작은 수부터 5개 쓰세요.

어떤 수의 배수는 셀 수 없이 많아요.
작은 수부터 차례로 5개만 써 봐요.

**1** 3의 배수

➡ _____

3부터 써야 해요~

**2** 4의 배수

➡ _____

**3** 7의 배수

➡ _____

**4** 12의 배수

➡ _____

**5** 15의 배수

➡ _____

**6** 16의 배수

➡ _____

**7** 20의 배수

➡ _____

**8** 24의 배수

➡ _____

친구들이 자주 틀리는 문제! 앗! 실수

**9** 27의 배수

➡ _____

**10** 35의 배수

➡ _____

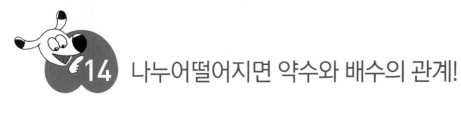

# 14 나누어떨어지면 약수와 배수의 관계!

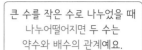

큰 수를 작은 수로 나누었을 때
나누어떨어지면 두 수는
약수와 배수의 관계예요.

❀ 약수와 배수의 관계이면 ○표, 아니면 ✕표 하세요.

**1**

| 3 | 12 |
|---|----|

( ○ )

12는 3의 배수,
3은 12의 약수예요.

**2**

| 2 | 15 |
|---|----|

( )

**3**

| 4 | 28 |
|---|----|

( )

**4**

| 5 | 35 |
|---|----|

( )

**5**

| 8 | 20 |
|---|----|

( )

**6**

| 7 | 21 |
|---|----|

( )

**7**

| 10 | 45 |
|----|----|

( )

**8**

| 12 | 48 |
|----|----|

( )

**9**

| 11 | 31 |
|----|----|

( )

**10**

| 15 | 60 |
|----|----|

( )

**11**

| 13 | 39 |
|----|----|

( )

**12**

| 20 | 50 |
|----|----|

( )

목표 시간 3분

왼쪽 수와 약수와 배수의 관계에 있는 수를 모두 찾아 ○표 하세요.

① 2 — | 3 4 7 12 |

② 3 — | 9 14 16 21 |

③ 5 — | 11 20 26 30 |

④ 12 — | 5 6 24 32 |

⑤ 36 — | 6 10 15 18 |

⑥ 4 — | 4 6 64 100 |

⑦ 9 — | 16 27 55 63 |

⑧ 24 — | 6 8 42 48 |

⑨ 48 — | 4 14 36 96 |

외워두면 배수인지 바로 알 수 있어요!

· 2의 배수 ➡ 짝수예요.
· 3의 배수 ➡ 각 자리 숫자의 합이 3의 배수예요.
· 4의 배수 ➡ 오른쪽 끝의 두 자리 수가 00이거나
　　　　　4의 배수예요.
· 5의 배수 ➡ 일의 자리 숫자가 0 또는 5인 수예요.
· 9의 배수 ➡ 각 자리 숫자의 합이 9의 배수예요.

# 15 공약수와 최대공약수 알아보기

✿ 두 수의 약수를 각각 쓰고 공약수를 구하세요.

① 4의 약수 ➡ ( 1, 2, 4 )

이렇게 공통으로 있는 약수를 묶어 보세요~

6의 약수 ➡ ( 1, 2, 3, 6 )

두 수의 '공'통인 '약수'가 두 수의 공약수예요.

4와 6의 공약수

➡ ( 1, 2 )

② 8의 약수 ➡ ( )

12의 약수 ➡ ( )

8과 12의 공약수

➡ ( )

③ 10의 약수 ➡ ( )

15의 약수 ➡ ( )

10과 15의 공약수

➡ ( )

④ 16의 약수 ➡ ( )

24의 약수 ➡ ( )

16과 24의 공약수

➡ ( )

⑤ 27의 약수 ➡ ( )

45의 약수 ➡ ( )

27과 45의 공약수

➡ ( )

⑥ 40의 약수 ➡ ( )

50의 약수 ➡ ( )

40과 50의 공약수

➡ ( )

✂ 두 수의 공약수와 최대공약수를 구하세요.

**1**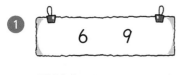

공약수 ➡ 1, 3

최대공약수 ➡ 3

최'대'공약수의 '대'는 큰 대(大).
그러니까 가장 큰 공약수예요~

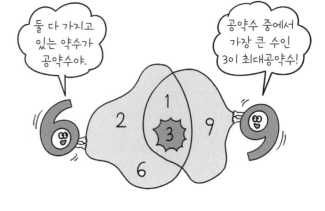

**2** 8    20

공약수 ➡

최대공약수 ➡

**5** 18    27

공약수 ➡

최대공약수 ➡

**3** 24    40

공약수 ➡

최대공약수 ➡

**6** 16    48

공약수 ➡

최대공약수 ➡

**4** 20    28

공약수 ➡

최대공약수 ➡

**7** 30    45

공약수 ➡

최대공약수 ➡

최대공약수는 공통으로 있는 수들의 곱!

✿ 두 수의 최대공약수를 구하세요.

**1**

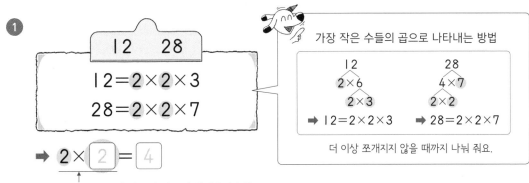

12  28

$12 = 2 \times 2 \times 3$

$28 = 2 \times 2 \times 7$

가장 작은 수들의 곱으로 나타내는 방법

12 = 2 × 6 → 2 × 3 ➡ $12 = 2 \times 2 \times 3$

28 = 4 × 7 → 2 × 2 ➡ $28 = 2 \times 2 \times 7$

더 이상 쪼개지지 않을 때까지 나눠 줘요.

➡ $2 \times \boxed{2} = \boxed{4}$

공통으로 들어 있는 수의 곱이 최대공약수예요.

**2**

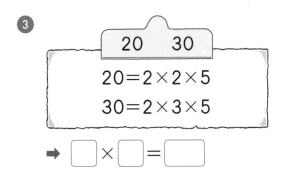

18  45

$18 = 2 \times 3 \times 3$

$45 = 3 \times 3 \times 5$

먼저 두 식에서 공통된 수를 찾아 ○표 해 보세요.

➡ $3 \times \boxed{\phantom{0}} = \boxed{\phantom{0}}$

**5**

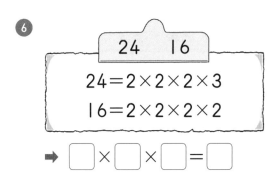

26  78

$26 = 2 \times 13$

$78 = 2 \times 3 \times 13$

➡ $\boxed{\phantom{0}} \times \boxed{\phantom{0}} = \boxed{\phantom{0}}$

**3**

20  30

$20 = 2 \times 2 \times 5$

$30 = 2 \times 3 \times 5$

➡ $\boxed{\phantom{0}} \times \boxed{\phantom{0}} = \boxed{\phantom{0}}$

**6**

24  16

$24 = 2 \times 2 \times 2 \times 3$

$16 = 2 \times 2 \times 2 \times 2$

➡ $\boxed{\phantom{0}} \times \boxed{\phantom{0}} \times \boxed{\phantom{0}} = \boxed{\phantom{0}}$

**4**

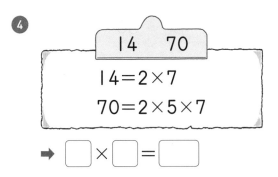

14  70

$14 = 2 \times 7$

$70 = 2 \times 5 \times 7$

➡ $\boxed{\phantom{0}} \times \boxed{\phantom{0}} = \boxed{\phantom{0}}$

**7**

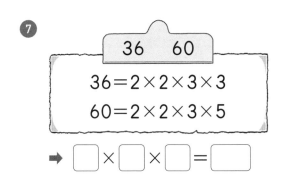

36  60

$36 = 2 \times 2 \times 3 \times 3$

$60 = 2 \times 2 \times 3 \times 5$

➡ $\boxed{\phantom{0}} \times \boxed{\phantom{0}} \times \boxed{\phantom{0}} = \boxed{\phantom{0}}$

두 수의 최대공약수를 구하세요.

먼저 가장 작은 수들의 곱으로 나타내어 보세요.

❶

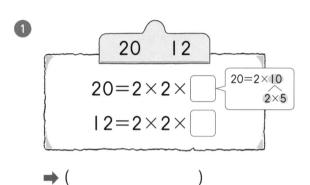

$20 = 2 \times 2 \times \square$
$12 = 2 \times 2 \times \square$

( $20 = 2 \times 10$, $2 \times 5$ )

➡ (                    )

❷

42    24

$42 = 2 \times \square \times 7$
$24 = 2 \times 2 \times 2 \times \square$

➡ (                    )

❸

36    63

$36 = 2 \times 2 \times \square \times 3$
$63 = 3 \times \square \times 7$

➡ (                    )

❹

30    40

$30 = 2 \times 3 \times \square$
$40 = 2 \times 2 \times \square \times 5$

➡ (                    )

❺

28    70

$28 = 2 \times 2 \times \square$
$70 = 2 \times 5 \times \square$

➡ (                    )

❻

45    60

$45 = 3 \times \square \times 5$
$60 = 2 \times 2 \times 3 \times \square$

➡ (                    )

❼

28    56

$28 = 2 \times 2 \times \square$
$56 = 2 \times 2 \times \square \times \square$

➡ (                    )

❽

44    66

$44 = 2 \times 2 \times \square$
$66 = 2 \times \square \times \square$

➡ (                    )

�֍ 두 수의 최대공약수를 구하세요.

① 2 ) 6   8
     3   4

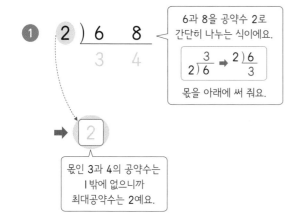

6과 8을 공약수 2로 간단히 나누는 식이에요.

$$\frac{3}{2)6} \Rightarrow 2)\frac{6}{3}$$

몫을 아래에 써 줘요.

➡ ☐ 2 ☐

몫인 3과 4의 공약수는 1밖에 없으니까 최대공약수는 2예요.

② 3 ) 15   24

공약수 중에서 1을 제외한 가장 작은 수부터 나누어요!

➡ ☐

③ 2 ) 8   12
   2 ) 4   6
       2   3

4와 6의 공약수는 2니까 한 번 더 나눌 수 있어요.

➡ 2 × ☐2☐ = ☐4☐

나눈 공약수들의 곱이 최대공약수예요.

④ 2 ) 18   30
     )

➡ 2 × ☐ = ☐

⑤ 3 ) 27   36
     )

➡ 3 × ☐ = ☐

⑥ 2 ) 50   20
     )

➡ 2 × ☐ = ☐

⑦ 2 ) 28   42
     )

➡ ☐ × ☐ = ☐

⑧ 2 ) 54   24
     )

➡ ☐ × ☐ = ☐

공약수로 나누는 방법을 이용할 때에는 반드시 더
나누어지는 공약수는 없는지 확인하고 넘어가세요.

목표 시간
2분

✂ 두 수의 최대공약수를 구하세요.

① )18  24

6단 곱셈구구를
이용해서 6으로 바로
나눌 수도 있어요.

6)18  24
    3   4

➡ (　　　　　　　)

⑤ )48  54

➡ (　　　　　　　)

② )30  12

➡ (　　　　　　　)

⑥ )64  72

➡ (　　　　　　　)

③ )15  45

➡ (　　　　　　　)

두 수가 약수와 배수의 관계이면
더 작은 수가 최대공약수가 돼요.

⑦ )45  75

➡ (　　　　　　　)

④ )56  24

➡ (　　　　　　　)

⑧ )42  70

➡ (　　　　　　　)

# 18 최대공약수 구하기 연습 한 번 더!

✿ 두 수의 최대공약수를 구하세요.

① 〕16  28

➡ (                )

⑤ 〕48  84

➡ (                )

• 친구들이 자주 틀리는 문제!

② 〕54  18

➡ (                )

⑥ 〕84  91

➡ (                )

③ 〕45  60

➡ (                )

⑦ 〕52  78

➡ (                )

④ 〕26  39

➡ (                )

> 13의 배수는 외워 두면 좋아요!
> 13, 26, 39, 52, 65, 78, 91
> 눈에 익혀 두면 공약수를 찾는 시간을
> 단축시키는 데 큰 도움이 될 거예요~

❀ 두 수의 최대공약수를 구하세요.

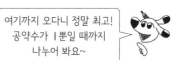

여기까지 오다니 정말 최고!
공약수가 1뿐일 때까지
나누어 봐요~

❶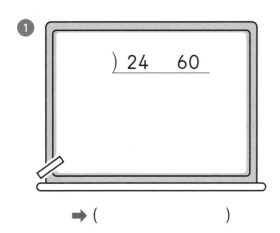

$)\ 24\quad 60$

➡ (　　　　　)

❷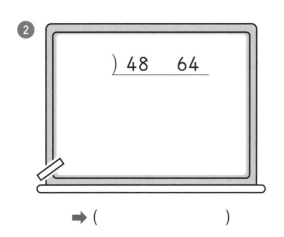

$)\ 48\quad 64$

➡ (　　　　　)

❸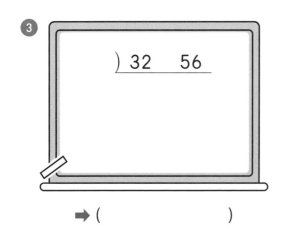

$)\ 32\quad 56$

➡ (　　　　　)

❹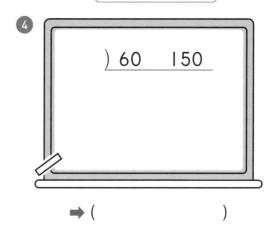

$)\ 60\quad 150$

➡ (　　　　　)

❺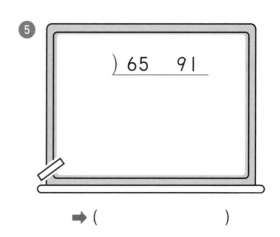

$)\ 65\quad 91$

➡ (　　　　　)

❻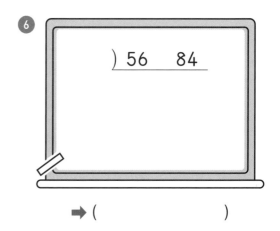

$)\ 56\quad 84$

➡ (　　　　　)

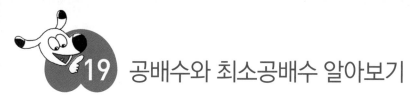

# 19 공배수와 최소공배수 알아보기

✣ 두 수의 배수를 각각 6개씩 쓰고 공배수를 구하세요.

두 수의 '공'통인 '배수'가
두 수의 공배수예요.

① 2의 배수 ➡ ( 2, 4, 6, 8, 10, 12 )

3의 배수 ➡ ( 3, 6, 9, 12, 15, 18 )

2와 3의 공배수

➡ ( 6, 12 )

공통인 배수를 찾아
○표 해 보세요~

② 4의 배수 ➡ ( )

5의 배수 ➡ ( )

4와 5의 공배수

➡ ( )

③ 6의 배수 ➡ ( )

10의 배수 ➡ ( )

6과 10의 공배수

➡ ( )

④ 7의 배수 ➡ ( )

14의 배수 ➡ ( )

7과 14의 공배수

➡ ( )

⑤ 8의 배수 ➡ ( )

12의 배수 ➡ ( )

8과 12의 공배수

➡ ( )

⑥ 9의 배수 ➡ ( )

15의 배수 ➡ ( )

9와 15의 공배수

➡ ( )

목표 시간 4분

✿ 두 수의 공배수를 가장 작은 수부터 2개 쓰고 최소공배수를 구하세요.

**①**
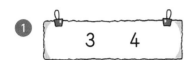
3    4

공배수 ➡ _____

최소공배수 ➡ _____

최'소'공배수의 '소'는 작을 소(小).
그러니까 가장 작은 공배수예요~

● 수학 공부, ▲ 영어 공부

| 일 | 월 | 화 | 수 | 목 | 금 | 토 |
|---|---|---|---|---|---|---|
| | | ③ | ▲4 | 5 | ⑥ |
| 7 | ▲8 | ⑨ | 10 | 11 | ▲⑫ | 13 |
| 14 | ⑮ | ▲16 | 17 | ⑱ | 19 | ▲⑳ |
| ㉑ | 22 | 23 | ▲㉔ | 25 | 26 | ㉗ |
| ▲㉘ | 29 | ㉚ | 31 | | | |

12일마다 두 과목 모두 공부할 거예요.

**②**
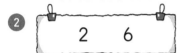
2    6

공배수 ➡ _____

최소공배수 ➡ _____

**⑥**

20    6

공배수 ➡ _____

최소공배수 ➡ _____

**③**
6    8

공배수 ➡ _____

최소공배수 ➡ _____

**⑦**
18    4

공배수 ➡ _____

최소공배수 ➡ _____

**④**
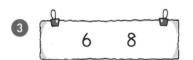
4    10

공배수 ➡ _____

최소공배수 ➡ _____

**⑧**
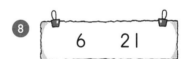
6    21

공배수 ➡ _____

최소공배수 ➡ _____

**⑤**
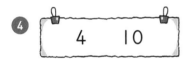
12    15

공배수 ➡ _____

최소공배수 ➡ _____

**⑨**
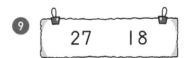
27    18

공배수 ➡ _____

최소공배수 ➡ _____

✂ 두 수의 최소공배수를 구하세요.

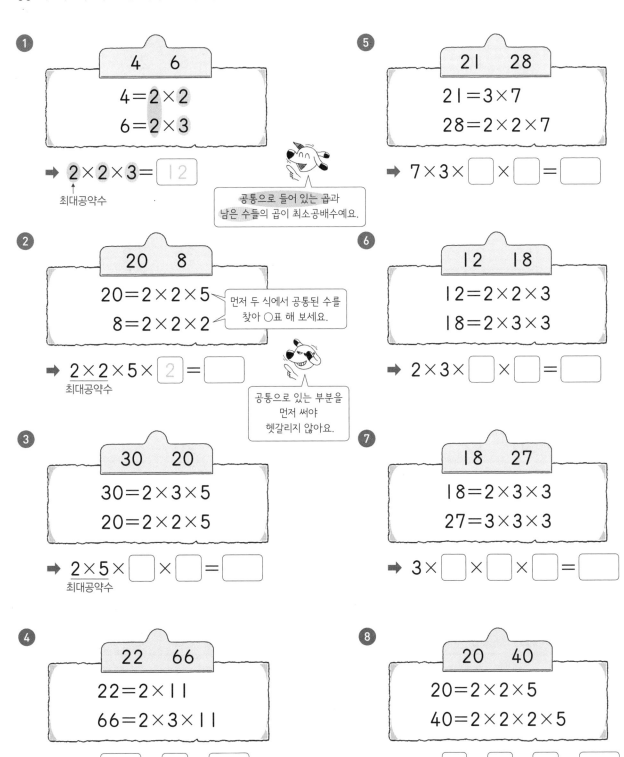

**①**

| 4 | 6 |

$4 = 2 \times 2$
$6 = 2 \times 3$

➡ $2 \times 2 \times 3 = \boxed{12}$
최대공약수

공통으로 들어 있는 곱과
남은 수들의 곱이 최소공배수예요.

**②**

| 20 | 8 |

$20 = 2 \times 2 \times 5$
$8 = 2 \times 2 \times 2$

먼저 두 식에서 공통된 수를
찾아 ○표 해 보세요.

➡ $2 \times 2 \times 5 \times \boxed{2} = \boxed{\phantom{0}}$
최대공약수

공통으로 있는 부분을
먼저 써야
헷갈리지 않아요.

**③**

| 30 | 20 |

$30 = 2 \times 3 \times 5$
$20 = 2 \times 2 \times 5$

➡ $\underline{2 \times 5} \times \boxed{\phantom{0}} \times \boxed{\phantom{0}} = \boxed{\phantom{0}}$
최대공약수

**④**

| 22 | 66 |

$22 = 2 \times 11$
$66 = 2 \times 3 \times 11$

➡ $\underline{2 \times} \boxed{\phantom{0}} \times \boxed{\phantom{0}} = \boxed{\phantom{0}}$
최대공약수

**⑤**

| 21 | 28 |

$21 = 3 \times 7$
$28 = 2 \times 2 \times 7$

➡ $7 \times 3 \times \boxed{\phantom{0}} \times \boxed{\phantom{0}} = \boxed{\phantom{0}}$

**⑥**

| 12 | 18 |

$12 = 2 \times 2 \times 3$
$18 = 2 \times 3 \times 3$

➡ $2 \times 3 \times \boxed{\phantom{0}} \times \boxed{\phantom{0}} = \boxed{\phantom{0}}$

**⑦**

| 18 | 27 |

$18 = 2 \times 3 \times 3$
$27 = 3 \times 3 \times 3$

➡ $3 \times \boxed{\phantom{0}} \times \boxed{\phantom{0}} \times \boxed{\phantom{0}} = \boxed{\phantom{0}}$

**⑧**

| 20 | 40 |

$20 = 2 \times 2 \times 5$
$40 = 2 \times 2 \times 2 \times 5$

➡ $2 \times \boxed{\phantom{0}} \times \boxed{\phantom{0}} \times \boxed{\phantom{0}} = \boxed{\phantom{0}}$

목표 시간 3분

✂ 두 수의 최소공배수를 구하세요.

먼저 두 수를 각각 가장 작은 수들의 곱으로 나타내어 보세요.

**1**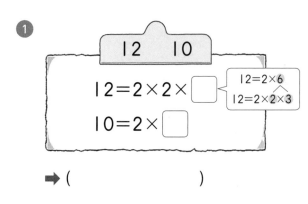

12    10

$12 = 2 \times 2 \times \square$

$12 = 2 \times 6$
$12 = 2 \times 2 \times 3$

$10 = 2 \times \square$

➡ (          )

**5**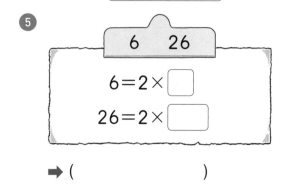

6    26

$6 = 2 \times \square$

$26 = 2 \times \square$

➡ (          )

**2**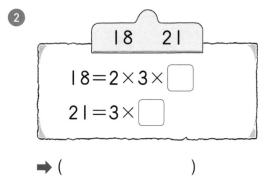

18    21

$18 = 2 \times 3 \times \square$

$21 = 3 \times \square$

➡ (          )

**6**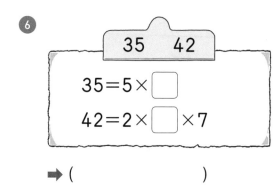

35    42

$35 = 5 \times \square$

$42 = 2 \times \square \times 7$

➡ (          )

**3**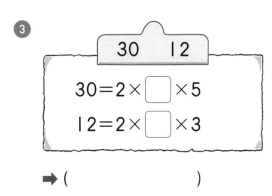

30    12

$30 = 2 \times \square \times 5$

$12 = 2 \times \square \times 3$

➡ (          )

**7**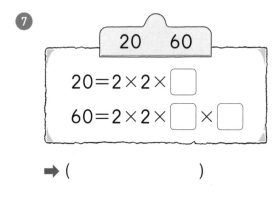

20    60

$20 = 2 \times 2 \times \square$

$60 = 2 \times 2 \times \square \times \square$

➡ (          )

**4**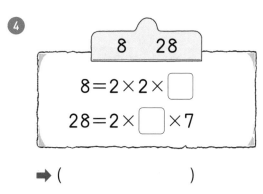

8    28

$8 = 2 \times 2 \times \square$

$28 = 2 \times \square \times 7$

➡ (          )

**8**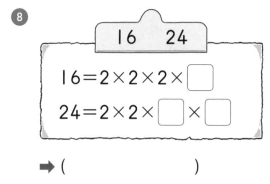

16    24

$16 = 2 \times 2 \times 2 \times \square$

$24 = 2 \times 2 \times \square \times \square$

➡ (          )

# 21 최소공배수는 나눈 공약수와 남은 수들의 곱!

❀ 두 수의 최소공배수를 구하세요.

**①**

$3 \overline{)\ 6 \quad 9}$
$\phantom{3)}\ \ 2 \quad 3$

> 두 수의 공약수와 아래의 몫을 모두 곱하면 최소공배수가 돼요.

➡ $3 \times 2 \times \boxed{3} = \boxed{\phantom{00}}$

**②**

$5 \overline{)\ 10 \quad 35}$

➡ $5 \times \boxed{\phantom{0}} \times \boxed{\phantom{0}} = \boxed{\phantom{00}}$

**③**

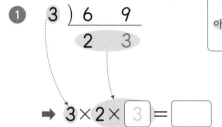

$2 \overline{)\ 16 \quad 20}$
$2 \overline{)\ \ 8 \quad 10}$
$\phantom{2)}\ \ 4 \quad 5$

> 최소공배수는 최대공약수와 남은 수들의 곱이네요~

➡ $2 \times \boxed{2} \times \boxed{4} \times \boxed{5} = \boxed{80}$

**④**

$2 \overline{)\ 12 \quad 18}$

➡ $2 \times \boxed{\phantom{0}} \times \boxed{\phantom{0}} \times \boxed{\phantom{0}} = \boxed{\phantom{00}}$

**⑤**

$2 \overline{)\ 14 \quad 70}$

➡ $2 \times \boxed{\phantom{0}} \times \boxed{\phantom{0}} \times \boxed{\phantom{0}} = \boxed{\phantom{00}}$

**⑥**

$3 \overline{)\ 30 \quad 45}$

➡ $3 \times \boxed{\phantom{0}} \times \boxed{\phantom{0}} \times \boxed{\phantom{0}} = \boxed{\phantom{00}}$

**⑦**

$5 \overline{)\ 75 \quad 25}$

➡ $\boxed{\phantom{0}} \times \boxed{\phantom{0}} \times \boxed{\phantom{0}} \times \boxed{\phantom{0}} = \boxed{\phantom{00}}$

**⑧**

$2 \overline{)\ 28 \quad 42}$

➡ $\boxed{\phantom{0}} \times \boxed{\phantom{0}} \times \boxed{\phantom{0}} \times \boxed{\phantom{0}} = \boxed{\phantom{00}}$

최소공배수를 구할 때는 반드시 공약수가
1이 될 때까지 나누어 주어야 합니다.

목표 시간
3분

✿ 두 수의 최소공배수를 구하세요.

① ) 14    35

➡ (          )

⑤ ) 36    54

➡ (          )

② ) 33    66

➡ (          )

⑥ ) 12    42

➡ (          )

③ ) 18    30

➡ (          )

⑦ ) 45    60

➡ (          )

④ ) 20    28

➡ (          )

⑧ ) 32    48

➡ (          )

더 이상 나누어지는 약수가 없는지 확인할 때는
아래의 수들을 차례로 나누어 봐요!
2 ➡ 3 ➡ 5 ➡ 7 ➡ 11 ➡ 13 ➡ 17 ➡ 19

목표 시간
3분

😊 두 수의 최소공배수를 구하세요.

곱셈구구를 이용해서
한눈에 보이는 큰 공약수로
먼저 나누면 쉬워져요!

① ) 9   21

➡ (                    )

⑤ ) 50   70

➡ (                    )

② ) 18   24

➡ (                    )

⑥ ) 42   63

➡ (                    )

•친구들이 자주 틀리는 문제!  앗! 실수

③ ) 36   30

➡ (                    )

⑦ ) 65   39

➡ (                    )

최대공약수가 바로 안보이나요?
두 수 모두 짝수니까 2로 나누어 봐요.

④ ) 28   42

➡ (                    )

⑧ ) 52   78

➡ (                    )

✂ 두 수의 최소공배수를 구하세요.

여기까지 오다니 정말 최고!
공약수가 1뿐일 때까지
나누어 봐요~

① 
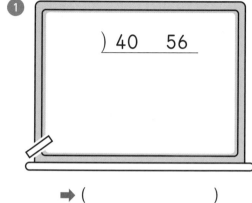
```
) 40   56
```
➡ (                    )

④ 
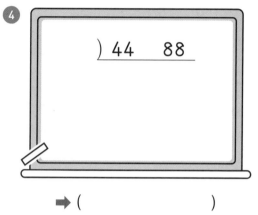
```
) 44   88
```
➡ (                    )

② 
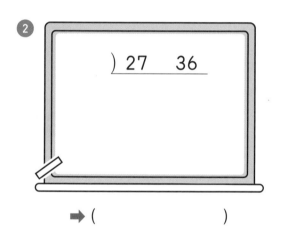
```
) 27   36
```
➡ (                    )

⑤ 
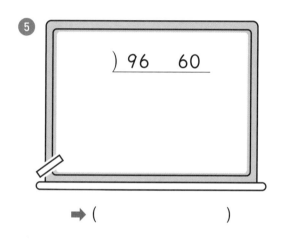
```
) 96   60
```
➡ (                    )

③ 
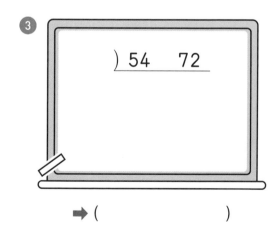
```
) 54   72
```
➡ (                    )

⑥ 
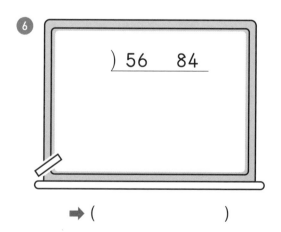
```
) 56   84
```
➡ (                    )

## 23 생활 속 연산 — 약수와 배수

✂ 그림을 보고 ☐ 안에 알맞은 수를 써넣으세요.

**1**

공책 16권을 남김없이 똑같이 나누어 주려고 합니다.

남김없이 나누어 줄 수 있는 사람 수는 1명, ☐명,

☐명, ☐명, 16명입니다.

**2**

최대공약수를 구하는
문제예요.

사탕 24개, 초콜릿 30개를 최대한 많은 친구들에게

똑같이 나누어 주려고 합니다. 최대 ☐명에게

나누어 줄 수 있습니다.

**3**

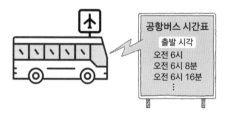

공항으로 가는 버스가 오전 6시부터 8분 간격으로

출발합니다. 오전 7시까지 버스는 모두 ☐번

출발합니다.

**4**

4일마다
와요.

6일마다
수영해요.

지나는 4일마다, 서준이는 6일마다 수영장에 옵니다.

오늘 두 사람이 수영장에서 만났다면 다음 번에 다시

수영장에서 만나는 날은 오늘부터 ☐일 후입니다.

최소공배수를 구하는
문제예요.

※ 바빠독이 노트북을 켜려면 비밀번호를 알아야 합니다. 화면에 적힌 답을 차례로 이어 쓰면 비밀번호를 알 수 있어요. 빈칸에 알맞은 수를 써넣어 비밀번호를 구하세요.

1 6의 배수 중 가장 작은 수

2 9와 18의 공약수

3 40과 72의 최대공약수

4 12와 18의 최소공배수

공약수는 작은 수부터 차례로 써요.

십의 자리    일의 자리

# 셋째 마당

## 약분과 통분

교과서 4. 약분과 통분

오늘 공부한
단계를 색칠해
보세요!

24
25
26
27
28
29
30
31
32
33
34

## ✿ 크기가 같은 분수 만들기

① 분모와 분자에 각각 0이 아닌 같은 수를 곱합니다.

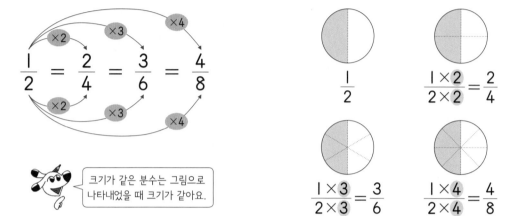

크기가 같은 분수는 그림으로
나타내었을 때 크기가 같아요.

$$\frac{1}{2}$$

$$\frac{1 \times 2}{2 \times 2} = \frac{2}{4}$$

$$\frac{1 \times 3}{2 \times 3} = \frac{3}{6}$$

$$\frac{1 \times 4}{2 \times 4} = \frac{4}{8}$$

② 분모와 분자를 각각 0이 아닌 같은 수로 나눕니다.

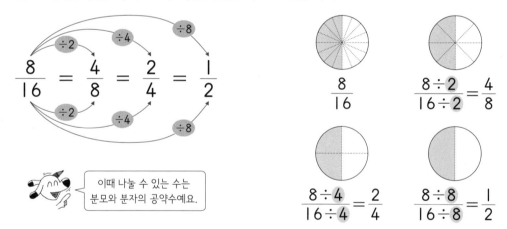

이때 나눌 수 있는 수는
분모와 분자의 공약수예요.

$$\frac{8}{16}$$

$$\frac{8 \div 2}{16 \div 2} = \frac{4}{8}$$

$$\frac{8 \div 4}{16 \div 4} = \frac{2}{4}$$

$$\frac{8 \div 8}{16 \div 8} = \frac{1}{2}$$

## ✿ 약분

분모와 분자를 공약수로 나누어 간단히 하는 것을 약분한다고 합니다.

$$\frac{6}{12} = \frac{6 \div 2}{12 \div 2} = \frac{3}{6} \implies \frac{3}{6} = \frac{3 \div 3}{6 \div 3} = \boxed{\frac{1}{2}}$$

분모와 분자의 공약수가 1뿐인
분수를 기약분수라고 해요.

이렇게 약분할 수도 있어요!

$$\frac{\overset{3}{\cancel{6}}}{\underset{6}{\cancel{12}}} = \frac{\overset{1}{\cancel{3}}}{\underset{2}{\cancel{6}}} = \frac{1}{2}$$

## 24 곱해서 크기가 같은 분수 만들기

✄ ☐ 안에 알맞은 수를 써넣어 크기가 같은 분수를 만드세요.

**1** $\boxed{\dfrac{1}{3}}$

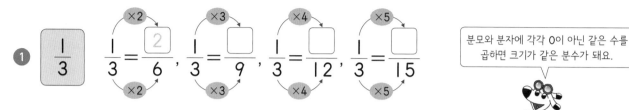

$\dfrac{1}{3} = \dfrac{2}{6}$ , $\dfrac{1}{3} = \dfrac{\square}{9}$ , $\dfrac{1}{3} = \dfrac{\square}{12}$ , $\dfrac{1}{3} = \dfrac{\square}{15}$

분모와 분자에 각각 0이 아닌 같은 수를 곱하면 크기가 같은 분수가 돼요.

**2** $\boxed{\dfrac{3}{4}}$ $\dfrac{3}{4} = \dfrac{\square}{8}$ , $\dfrac{3}{4} = \dfrac{\square}{12}$ , $\dfrac{3}{4} = \dfrac{\square}{16}$ , $\dfrac{3}{4} = \dfrac{\square}{20}$

**3** $\boxed{\dfrac{5}{6}}$ $\dfrac{5}{6} = \dfrac{10}{\square}$ , $\dfrac{5}{6} = \dfrac{15}{\square}$ , $\dfrac{5}{6} = \dfrac{20}{\square}$ , $\dfrac{5}{6} = \dfrac{25}{\square}$

**4** $\boxed{\dfrac{4}{7}}$ $\dfrac{4}{7} = \dfrac{\square}{14}$ , $\dfrac{4}{7} = \dfrac{\square}{21}$ , $\dfrac{4}{7} = \dfrac{\square}{28}$ , $\dfrac{4}{7} = \dfrac{\square}{35}$

**5** $\boxed{\dfrac{3}{8}}$ $\dfrac{3}{8} = \dfrac{6}{\square}$ , $\dfrac{3}{8} = \dfrac{9}{\square}$ , $\dfrac{3}{8} = \dfrac{12}{\square}$ , $\dfrac{3}{8} = \dfrac{15}{\square}$

**6** $\boxed{\dfrac{2}{9}}$ $\dfrac{2}{9} = \dfrac{4}{\square}$ , $\dfrac{2}{9} = \dfrac{6}{\square}$ , $\dfrac{2}{9} = \dfrac{8}{\square}$ , $\dfrac{2}{9} = \dfrac{10}{\square}$

분모와 분자에 반드시 0이 아닌 수를 곱해야 합니다.
분수의 분모에는 0이 올 수 없기 때문입니다.

✻ 크기가 같은 분수를 분모가 작은 것부터 차례로 **3**개 쓰세요.

**1** $\dfrac{2}{3}$ ➡ $\dfrac{\square}{6}$ , $\dfrac{\square}{9}$ , $\dfrac{\square}{12}$

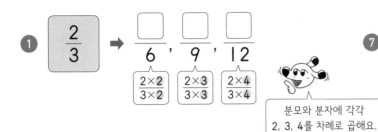

$\dfrac{2\times2}{3\times2}$  $\dfrac{2\times3}{3\times3}$  $\dfrac{2\times4}{3\times4}$

분모와 분자에 각각
2, 3, 4를 차례로 곱해요.

**7** $\dfrac{7}{10}$ ➡ _____

**2** $\dfrac{1}{4}$ ➡ $\dfrac{\square}{8}$ , $\dfrac{\square}{12}$ , $\dfrac{\square}{\square}$

**8** $\dfrac{6}{11}$ ➡ _____

**3** $\dfrac{3}{5}$ ➡ _____

**9** $\dfrac{5}{12}$ ➡ _____

**4** $\dfrac{6}{7}$ ➡ _____

**10** $\dfrac{4}{13}$ ➡ _____

**5** $\dfrac{5}{8}$ ➡ _____

**11** $\dfrac{9}{14}$ ➡ _____

**6** $\dfrac{4}{9}$ ➡ _____

**12** $\dfrac{7}{15}$ ➡ _____

# 25 나누어서 크기가 같은 분수 만들기

목표 시간 2분

☐ 안에 알맞은 수를 써넣어 크기가 같은 분수를 만드세요.

**1** $\dfrac{8}{12}$  $\dfrac{8}{12} = \dfrac{4}{\boxed{\phantom{0}}}$ , $\dfrac{8}{12} = \dfrac{2}{\boxed{\phantom{0}}}$

분모와 분자를 각각 0이 아닌 같은 수로 나누면 크기가 같은 분수가 돼요.

**2** $\dfrac{6}{18}$  $\dfrac{6}{18} = \dfrac{3}{\boxed{\phantom{0}}}$ , $\dfrac{6}{18} = \dfrac{2}{\boxed{\phantom{0}}}$ , $\dfrac{6}{18} = \dfrac{1}{\boxed{\phantom{0}}}$

6과 18의 공약수 중 1을 제외한
2, 3, 6으로 분모와 분자를 각각 나누어요.

**3** $\dfrac{20}{36}$  $\dfrac{20}{36} = \dfrac{10}{\boxed{\phantom{0}}}$ , $\dfrac{20}{36} = \dfrac{5}{\boxed{\phantom{0}}}$

**4** $\dfrac{15}{30}$  $\dfrac{15}{30} = \dfrac{\boxed{\phantom{0}}}{10}$ , $\dfrac{15}{30} = \dfrac{\boxed{\phantom{0}}}{6}$ , $\dfrac{15}{30} = \dfrac{\boxed{\phantom{0}}}{2}$

**5** $\dfrac{24}{42}$  $\dfrac{24}{42} = \dfrac{12}{\boxed{\phantom{0}}}$ , $\dfrac{24}{42} = \dfrac{8}{\boxed{\phantom{0}}}$ , $\dfrac{24}{42} = \dfrac{4}{\boxed{\phantom{0}}}$

**6** $\dfrac{16}{48}$  $\dfrac{16}{48} = \dfrac{\boxed{\phantom{0}}}{24}$ , $\dfrac{16}{48} = \dfrac{\boxed{\phantom{0}}}{12}$ , $\dfrac{16}{48} = \dfrac{\boxed{\phantom{0}}}{6}$ , $\dfrac{16}{48} = \dfrac{\boxed{\phantom{0}}}{3}$

목표 시간 3분

분모와 분자를 공약수로 나누어 크기가 같은 분수를 분모가 큰 것부터 차례로 2개 쓰세요.

① $\frac{4}{12}$ ➡ $\frac{\square}{6}$, $\frac{\square}{3}$ ($\frac{4 \div 2}{12 \div 2}$, $\frac{4 \div 4}{12 \div 4}$)

4와 12의 공약수 중 1을 제외한 2, 4로 분모와 분자를 각각 나누어요.

② $\frac{12}{18}$ ➡ $\frac{\square}{9}$, $\frac{\square}{\square}$

③ $\frac{8}{20}$ ➡ ______

④ $\frac{9}{27}$ ➡ ______

⑤ $\frac{12}{30}$ ➡ ______

⑥ $\frac{16}{32}$ ➡ ______

⑦ $\frac{6}{36}$ ➡ ______

⑧ $\frac{16}{40}$ ➡ ______

⑨ $\frac{32}{48}$ ➡ ______

⑩ $\frac{24}{54}$ ➡ ______

⑪ $\frac{45}{60}$ ➡ ______

⑫ $\frac{14}{70}$ ➡ ______

이건 꿀팁!
두 수가 짝수이면 공약수에는 무조건 2가 포함되어 있어요.

## 26 약분하면 분수가 간단해져

❖ 분수를 약분하여 ☐ 안에 알맞은 수를 써넣으세요.

**1** $\dfrac{4}{20}$ ➡ $\dfrac{2}{10}$ , $\dfrac{1}{5}$

4와 20의 공약수 ➡ 1, 2, 4

분모와 분자를 공약수로 나누어 간단히 하는 것을 약분한다고 해요.

**7** $\dfrac{16}{28}$ ➡ $\dfrac{8}{\square}$ , $\dfrac{4}{\square}$

**2** $\dfrac{9}{36}$ ➡ $\dfrac{\square}{12}$ , $\dfrac{\square}{4}$

공약수 1은 약분해도 결과가 같아지니까 안나누어도 돼요.

**8** $\dfrac{30}{54}$ ➡ $\dfrac{15}{\square}$ , $\dfrac{10}{\square}$ , $\dfrac{5}{\square}$

**3** $\dfrac{6}{12}$ ➡ $\dfrac{\square}{6}$ , $\dfrac{\square}{4}$ , $\dfrac{\square}{2}$

**9** $\dfrac{20}{30}$ ➡ $\dfrac{10}{\square}$ , $\dfrac{4}{\square}$ , $\dfrac{2}{\square}$

**4** $\dfrac{8}{16}$ ➡ $\dfrac{\square}{8}$ , $\dfrac{\square}{4}$ , $\dfrac{\square}{2}$

**10** $\dfrac{21}{63}$ ➡ $\dfrac{7}{\square}$ , $\dfrac{3}{\square}$ , $\dfrac{1}{\square}$

**5** $\dfrac{16}{24}$ ➡ $\dfrac{\square}{12}$ , $\dfrac{\square}{6}$ , $\dfrac{\square}{3}$

**11** $\dfrac{32}{56}$ ➡ $\dfrac{16}{\square}$ , $\dfrac{8}{\square}$ , $\dfrac{4}{\square}$

**6** $\dfrac{14}{42}$ ➡ $\dfrac{\square}{21}$ , $\dfrac{\square}{6}$ , $\dfrac{\square}{3}$

**12** $\dfrac{45}{75}$ ➡ $\dfrac{15}{\square}$ , $\dfrac{9}{\square}$ , $\dfrac{3}{\square}$

목표 시간
4분

✿ 약분한 분수를 모두 쓰세요.

① $\dfrac{12}{16}$ ➡ $\dfrac{\Box}{8}$ , $\dfrac{\Box}{4}$

⑦ $\dfrac{40}{50}$ ➡ _____ , _____

② $\dfrac{16}{20}$ ➡ $\dfrac{\Box}{10}$ , $\dfrac{\Box}{\Box}$

⑧ $\dfrac{28}{70}$ ➡ _____ , _____

③ $\dfrac{4}{24}$ ➡ _____

⑨ $\dfrac{70}{100}$ ➡ _____ , _____

• 친구들이 자주 틀리는 문제!   앗! 실수

④ $\dfrac{12}{30}$ ➡ _____ , _____

⑩ $\dfrac{32}{48}$ ➡ _____ , _____ , $\dfrac{2}{3}$

⑤ $\dfrac{27}{36}$ ➡ _____

⑪ $\dfrac{54}{72}$ ➡ _____ , _____ , _____ , $\dfrac{3}{4}$

⑥ $\dfrac{36}{45}$ ➡ _____

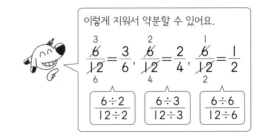

이렇게 지워서 약분할 수 있어요.

$\dfrac{\cancel{6}^{\,3}}{\cancel{12}_{\,6}} = \dfrac{3}{6}$ , $\dfrac{\cancel{6}^{\,2}}{\cancel{12}_{\,4}} = \dfrac{2}{4}$ , $\dfrac{\cancel{6}^{\,1}}{\cancel{12}_{\,2}} = \dfrac{1}{2}$

$\dfrac{6 \div 2}{12 \div 2}$  $\dfrac{6 \div 3}{12 \div 3}$  $\dfrac{6 \div 6}{12 \div 6}$

목표 시간 3분

🎀 기약분수로 나타내세요.
분모와 분자의 공약수가 1뿐인 분수예요.

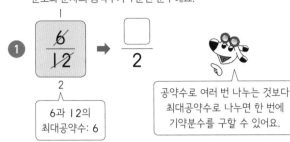

1 $\dfrac{6}{12}$ ➡ $\dfrac{\boxed{\phantom{0}}}{2}$

6과 12의
최대공약수: 6

공약수로 여러 번 나누는 것보다
최대공약수로 나누면 한 번에
기약분수를 구할 수 있어요.

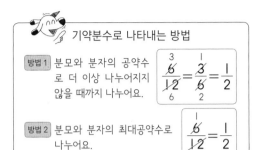

기약분수로 나타내는 방법

방법 1 분모와 분자의 공약수로 더 이상 나누어지지 않을 때까지 나누어요.
$\dfrac{\overset{3}{\cancel{6}}}{\underset{6}{\cancel{12}}} = \dfrac{\overset{1}{\cancel{3}}}{\underset{2}{\cancel{6}}} = \dfrac{1}{2}$

방법 2 분모와 분자의 최대공약수로 나누어요.
$\dfrac{\overset{1}{\cancel{6}}}{\underset{2}{\cancel{12}}} = \dfrac{1}{2}$

2 $\dfrac{9}{15}$ ➡ _____

3 $\dfrac{18}{24}$ ➡ _____

4 $\dfrac{16}{28}$ ➡ _____

5 $\dfrac{24}{30}$ ➡ _____

6 $\dfrac{22}{44}$ ➡ _____

7 $\dfrac{26}{52}$ ➡ _____

8 $\dfrac{16}{56}$ ➡ _____

9 $\dfrac{27}{81}$ ➡ _____

10 $\dfrac{36}{45}$ ➡ _____

11 $\dfrac{25}{100}$ ➡ _____

✂ 기약분수로 나타내세요.

① $\dfrac{8}{28}$ ➡ _____

② $\dfrac{20}{32}$ ➡ _____

③ $\dfrac{18}{36}$ ➡ _____

④ $\dfrac{16}{40}$ ➡ _____

⑤ $\dfrac{12}{42}$ ➡ _____

⑥ $\dfrac{28}{56}$ ➡ _____

⑦ $\dfrac{12}{54}$ ➡ _____

⑧ $\dfrac{27}{63}$ ➡ _____

⑨ $\dfrac{16}{80}$ ➡ _____

친구들이 자주 틀리는 문제! **앗! 실수**

⑩ $\dfrac{24}{72}$ ➡ _____

⑪ $\dfrac{48}{84}$ ➡ _____

⑫ $\dfrac{54}{90}$ ➡ _____

아래의 수들을 외워 두었다가 차례로 약분해 봐요!
이 정도만 확인해도 충분해요.
2 ➡ 3 ➡ 5 ➡ 7 ➡ 11 ➡ 13 ➡ 17 ➡ 19

## 28 두 분모의 곱을 이용하면 통분이 빨라져

✂ 두 분모의 곱을 공통분모로 하여 통분하세요.

**1** $\left( \dfrac{1}{2}, \dfrac{2}{3} \right)$ ➡ $\left( \dfrac{1 \times 3}{2 \times 3}, \dfrac{2 \times 2}{3 \times 2} \right)$

두 분모의 곱
$2 \times 3 = 6$

➡ $\left( \dfrac{3}{6}, \dfrac{\boxed{\phantom{0}}}{6} \right)$

$\left( \dfrac{1}{2}, \dfrac{2}{3} \right)$ ➡ $\left( \dfrac{3}{6}, \dfrac{4}{6} \right)$

분모를 같게 만들어 봐요~

우리가 공통분모예요!

**2** $\left( \dfrac{4}{5}, \dfrac{1}{3} \right)$ ➡ $\left( \dfrac{\boxed{\phantom{0}}}{15}, \dfrac{\boxed{\phantom{0}}}{15} \right)$

분수의 분모를 같게 하는 것을 통분한다고 해요.

**7** $\left( \dfrac{3}{8}, \dfrac{7}{9} \right)$ ➡ ( , )

**3** $\left( \dfrac{3}{4}, \dfrac{5}{8} \right)$ ➡ ( , )

**8** $\left( \dfrac{5}{6}, \dfrac{3}{10} \right)$ ➡ ( , )

**4** $\left( \dfrac{2}{3}, \dfrac{2}{7} \right)$ ➡ ( , )

**9** $\left( 1\dfrac{2}{3}, \dfrac{5}{6} \right)$ ➡ $\left( 1\dfrac{12}{18}, \right.$ )

대분수의 자연수 부분은 그대로 쓰고 분수 부분만 통분해요.

**5** $\left( \dfrac{1}{6}, \dfrac{5}{9} \right)$ ➡ ( , )

**10** $\left( \dfrac{5}{12}, 2\dfrac{1}{4} \right)$ ➡ ( , )

**6** $\left( \dfrac{8}{11}, \dfrac{4}{5} \right)$ ➡ ( , )

**11** $\left( 3\dfrac{4}{13}, 3\dfrac{2}{5} \right)$ ➡ ( , )

두 분모의 곱을 공통분모로 하여 통분하세요.

① $\left( \dfrac{1}{2}, \dfrac{3}{5} \right)$ ➡ (     ,     )

⑦ $\left( \dfrac{3}{10}, \dfrac{2}{5} \right)$ ➡ (     ,     )

② $\left( \dfrac{2}{3}, \dfrac{1}{4} \right)$ ➡ (     ,     )

⑧ $\left( \dfrac{1}{2}, \dfrac{10}{13} \right)$ ➡ (     ,     )

③ $\left( \dfrac{1}{6}, \dfrac{2}{7} \right)$ ➡ (     ,     )

⑨ $\left( 2\dfrac{5}{6}, \dfrac{7}{8} \right)$ ➡ (     ,     )

 통분할 때 대분수의 자연수 부분을 빠뜨리지 않도록 해요.

④ $\left( \dfrac{3}{8}, \dfrac{3}{4} \right)$ ➡ (     ,     )

⑩ $\left( \dfrac{4}{9}, 3\dfrac{8}{11} \right)$ ➡ (     ,     )

• 친구들이 자주 틀리는 문제!  앗! 실수

⑤ $\left( \dfrac{2}{5}, \dfrac{4}{9} \right)$ ➡ (     ,     )

⑪ $\left( 2\dfrac{9}{14}, \dfrac{3}{4} \right)$ ➡ (     ,     )

⑥ $\left( \dfrac{1}{4}, \dfrac{5}{6} \right)$ ➡ (     ,     )

⑫ $\left( \dfrac{12}{17}, 3\dfrac{2}{3} \right)$ ➡ (     ,     )

✂ 두 분모의 최소공배수를 공통분모로 하여 통분하세요.

**1** $\left(\dfrac{1}{4}, \dfrac{1}{6}\right)$ ➡ $\left(\dfrac{1 \times \mathbf{3}}{4 \times \mathbf{3}}, \dfrac{1 \times \mathbf{2}}{6 \times \mathbf{2}}\right)$

> 4와 6의
> 최소공배수: 12

➡ $\left(\dfrac{\boxed{3}}{12}, \dfrac{\boxed{2}}{12}\right)$

**7** $\left(\dfrac{3}{4}, \dfrac{9}{14}\right)$ ➡ $(\qquad, \qquad)$

> 먼저 두 분모의
> 최소공배수를 구해 봐요.

**2** $\left(\dfrac{1}{3}, \dfrac{2}{15}\right)$ ➡ $(\qquad, \qquad)$

**8** $\left(1\dfrac{3}{8}, \dfrac{7}{10}\right)$ ➡ $(\qquad, \qquad)$

> 대분수의 자연수 부분은 그대로 쓰고
> 분수 부분만 통분해요.

**3** $\left(\dfrac{5}{6}, \dfrac{4}{9}\right)$ ➡ $(\qquad, \qquad)$

**9** $\left(\dfrac{5}{12}, 3\dfrac{2}{9}\right)$ ➡ $(\qquad, \qquad)$

**4** $\left(\dfrac{3}{16}, \dfrac{3}{8}\right)$ ➡ $(\qquad, \qquad)$

**10** $\left(1\dfrac{1}{14}, 1\dfrac{5}{6}\right)$ ➡ $(\qquad, \qquad)$

**5** $\left(\dfrac{3}{4}, \dfrac{9}{10}\right)$ ➡ $(\qquad, \qquad)$

**11** $\left(2\dfrac{5}{9}, 1\dfrac{4}{15}\right)$ ➡ $(\qquad, \qquad)$

> 최소공배수로 빠르게 통분하는 꿀팁
> $\left(\dfrac{5}{9}, \dfrac{4}{15}\right)$ ➡ $\left(\dfrac{5 \times 5}{9 \times 5}, \dfrac{4 \times 3}{15 \times 3}\right)$ ➡ $\left(\dfrac{25}{45}, \dfrac{12}{45}\right)$
> $3\,\underline{)\,9\quad 15}$ ➡ 최소공배수: 45
> $\phantom{3)}\,3\quad\ 5$
> 두 분모를 최대공약수로 나눈 몫을
> 자리를 바꾸어 각 분모와 분자에 곱해 줘요.

**6** $\left(\dfrac{7}{8}, \dfrac{5}{12}\right)$ ➡ $(\qquad, \qquad)$

✳ 두 분모의 최소공배수를 공통분모로 하여 통분하세요.

**1** $\left( \dfrac{1}{6}, \dfrac{5}{8} \right) \Rightarrow ($    ,    $)$

**7** $\left( \dfrac{3}{4}, \dfrac{11}{18} \right) \Rightarrow ($    ,    $)$

**2** $\left( \dfrac{3}{10}, \dfrac{5}{6} \right) \Rightarrow ($    ,    $)$

**8** $\left( \dfrac{9}{20}, \dfrac{7}{15} \right) \Rightarrow ($    ,    $)$

**3** $\left( \dfrac{2}{9}, \dfrac{5}{12} \right) \Rightarrow ($    ,    $)$

**9** $\left( \dfrac{6}{13}, 1\dfrac{9}{26} \right) \Rightarrow ($    ,    $)$

**4** $\left( \dfrac{8}{15}, \dfrac{9}{10} \right) \Rightarrow ($    ,    $)$

**10** $\left( 3\dfrac{4}{6}, \dfrac{7}{22} \right) \Rightarrow ($    ,    $)$

친구들이 자주 틀리는 문제!   앗! 실수

**5** $\left( \dfrac{1}{8}, \dfrac{5}{14} \right) \Rightarrow ($    ,    $)$

**11** $\left( 2\dfrac{5}{12}, 4\dfrac{5}{16} \right) \Rightarrow ($    ,    $)$

**6** $\left( \dfrac{3}{10}, \dfrac{5}{12} \right) \Rightarrow ($    ,    $)$

**12** $\left( 3\dfrac{9}{14}, 3\dfrac{8}{21} \right) \Rightarrow ($    ,    $)$

# 30 분모가 다른 분수의 크기 비교는 통분 먼저!

✂️ 통분하여 두 분수의 크기를 비교하세요.

분모가 다른 분수는 통분하여 분모를 같게 한 다음 분자의 크기를 비교해요.

① $\left( \dfrac{1}{2}, \dfrac{2}{5} \right)$ ⟶ 통분 $\left( \dfrac{5}{10}, \dfrac{4}{10} \right)$ $5>4$ ⟶ 크기 비교 $\dfrac{1}{2} \bigg> \dfrac{2}{5}$

② $\left( \dfrac{2}{3}, \dfrac{5}{7} \right)$ ⟶ $(\qquad , \qquad )$ ⟶ $\dfrac{2}{3} \bigcirc \dfrac{5}{7}$

두 분모의 최소공배수로 통분하면 분자가 간단해져 계산이 편리해요.

③ $\left( \dfrac{3}{4}, \dfrac{5}{6} \right)$ ⟶ $(\qquad , \qquad )$ ⟶ $\dfrac{3}{4} \bigcirc \dfrac{5}{6}$

④ $\left( \dfrac{5}{6}, \dfrac{7}{9} \right)$ ⟶ $(\qquad , \qquad )$ ⟶ $\dfrac{5}{6} \bigcirc \dfrac{7}{9}$

⑤ $\left( \dfrac{7}{10}, \dfrac{5}{8} \right)$ ⟶ $(\qquad , \qquad )$ ⟶ $\dfrac{7}{10} \bigcirc \dfrac{5}{8}$

⑥ $\left( \dfrac{3}{8}, \dfrac{5}{12} \right)$ ⟶ $(\qquad , \qquad )$ ⟶ $\dfrac{3}{8} \bigcirc \dfrac{5}{12}$

⑦ $\left( \dfrac{11}{15}, \dfrac{13}{20} \right)$ ⟶ $(\qquad , \qquad )$ ⟶ $\dfrac{11}{15} \bigcirc \dfrac{13}{20}$

※ 두 분수의 크기를 비교하여 ○ 안에 >, =, <를 알맞게 써넣으세요.

① $\frac{5}{6}$ (<) $\frac{13}{15}$

$\frac{25}{30}$ $\frac{26}{30}$

분모가 다른 두 분수의 크기 비교는 통분 먼저!

② $\frac{3}{5}$ ○ $\frac{5}{8}$

③ $\frac{3}{8}$ ○ $\frac{5}{24}$

④ $\frac{7}{10}$ ○ $\frac{11}{15}$

⑤ $\frac{4}{9}$ ○ $\frac{5}{12}$

⑥ $\frac{9}{26}$ ○ $\frac{4}{13}$

⑦ $\frac{7}{12}$ ○ $\frac{11}{18}$

⑧ $\frac{3}{14}$ ○ $\frac{11}{42}$

⑨ $3\frac{2}{5}$ ○ $3\frac{4}{11}$

⑩ $1\frac{9}{16}$ ○ $1\frac{13}{24}$

⑪ $4\frac{13}{20}$ ○ $4\frac{19}{30}$

두 분수의 크기 비교가 빨라지는 꿀팁

통분하면 분모가 같아지니까
분자가 더 커지는 쪽이 더 큰 분수예요.

390 > 380

$\frac{13}{20}$ ╳ $\frac{19}{30}$ ➡ $\frac{13}{20} > \frac{19}{30}$

이렇게 분모를 서로 다른 분자에 곱한 값만 비교하면 빨라요~

# 31 두 분수씩 짝지어 비교하기

✿ 두 분수의 크기를 비교하여 더 큰 분수를 위의 ☐ 안에 써넣으세요.

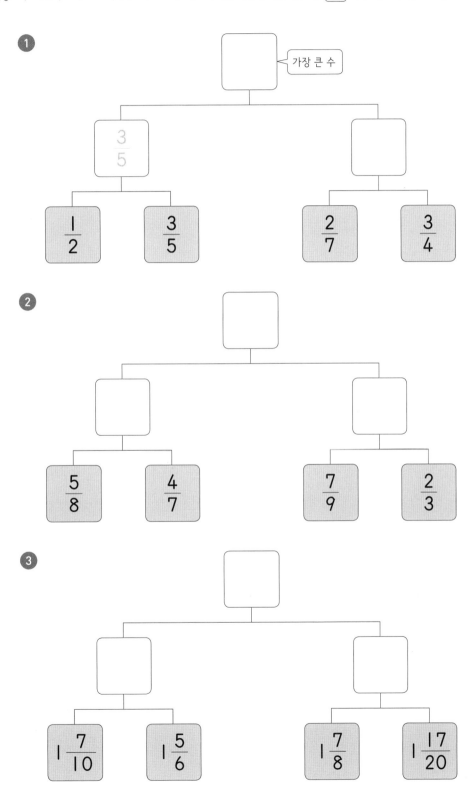

① [ ] ── 가장 큰 수

  $\dfrac{3}{5}$                       [ ]

  $\dfrac{1}{2}$   $\dfrac{3}{5}$      $\dfrac{2}{7}$   $\dfrac{3}{4}$

② [ ]

  [ ]              [ ]

  $\dfrac{5}{8}$   $\dfrac{4}{7}$      $\dfrac{7}{9}$   $\dfrac{2}{3}$

③ [ ]

  [ ]              [ ]

  $1\dfrac{7}{10}$   $1\dfrac{5}{6}$      $1\dfrac{7}{8}$   $1\dfrac{17}{20}$

✼ 두 분수의 크기를 비교하여 더 작은 분수를 아래의 ☐ 안에 써넣으세요.

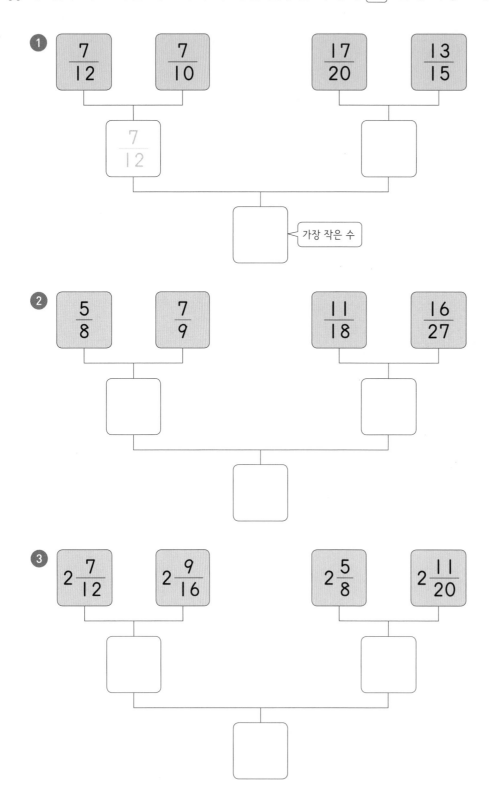

목표 시간
2분

❖ 세 분수의 크기를 비교하려고 합니다. 빈 곳에 알맞게 써넣으세요.

**1**

$$\frac{2}{3} \qquad \frac{3}{4} \qquad \frac{5}{7}$$

분모가 다른 세 분수의 크기는
두 분수씩 차례로 비교하면 돼요.

통분 | 크기 비교

$\left( \dfrac{2}{3}, \dfrac{3}{4} \right) \Rightarrow \left( \dfrac{8}{12} , \dfrac{9}{12} \right) \Rightarrow \dfrac{2}{3} \bigcirc\!< \dfrac{3}{4}$

$\left( \dfrac{3}{4}, \dfrac{5}{7} \right) \Rightarrow \left( \phantom{xx} , \phantom{xx} \right) \Rightarrow \dfrac{3}{4} \bigcirc \dfrac{5}{7}$

$\left( \dfrac{2}{3}, \dfrac{5}{7} \right) \Rightarrow \left( \phantom{xx} , \phantom{xx} \right) \Rightarrow \dfrac{2}{3} \bigcirc \dfrac{5}{7}$

➡ ☐ > ☐ > ☐

가장 큰 수부터 차례로 써요.

답을 쓸 때는 통분한 분수가 아니라
원래의 세 분수를 써야 해요~

**2**

$$\frac{5}{12} \qquad \frac{4}{9} \qquad \frac{7}{18}$$

$\left( \dfrac{5}{12}, \dfrac{4}{9} \right) \Rightarrow \left( \phantom{xx} , \phantom{xx} \right) \Rightarrow \dfrac{5}{12} \bigcirc \dfrac{4}{9}$

$\left( \dfrac{4}{9}, \dfrac{7}{18} \right) \Rightarrow \left( \phantom{xx} , \phantom{xx} \right) \Rightarrow \dfrac{4}{9} \bigcirc \dfrac{7}{18}$

$\left( \dfrac{5}{12}, \dfrac{7}{18} \right) \Rightarrow \left( \phantom{xx} , \phantom{xx} \right) \Rightarrow \dfrac{5}{12} \bigcirc \dfrac{7}{18}$

➡ ☐ > ☐ > ☐

목표 시간 **4분**

❁ 세 분수의 크기를 비교하려고 합니다. 빈 곳에 알맞게 써넣으세요.

**①** $\dfrac{1}{5}$　$\dfrac{3}{10}$　$\dfrac{4}{15}$

$\dfrac{1}{5}$ $<$ $\dfrac{3}{10}$　$\dfrac{3}{10}$ ◯ $\dfrac{4}{15}$　$\dfrac{1}{5}$ ◯ $\dfrac{4}{15}$

➡ ▢ > ▢ > ▢

**②** $\dfrac{5}{7}$　$\dfrac{3}{5}$　$\dfrac{47}{70}$

$\dfrac{5}{7}$ ◯ $\dfrac{3}{5}$　$\dfrac{3}{5}$ ◯ $\dfrac{47}{70}$　$\dfrac{5}{7}$ ◯ $\dfrac{47}{70}$

➡ ▢ > ▢ > ▢

**③** $\dfrac{5}{8}$　$\dfrac{7}{10}$　$\dfrac{13}{20}$　➡ ▢ > ▢ > ▢

**④** $\dfrac{3}{5}$　$\dfrac{5}{9}$　$\dfrac{7}{15}$　➡ ▢ > ▢ > ▢

**⑤** $\dfrac{7}{12}$　$\dfrac{11}{16}$　$\dfrac{13}{24}$　➡ ▢ > ▢ > ▢

## 33 분수와 소수의 크기 비교하기

✿ 두 수의 크기를 비교하여 ○ 안에 >, =, <를 알맞게 써넣으세요.

**1** $\dfrac{1}{2}$ ○ 0.4

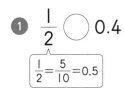

분수를 소수로 바꾸어
소수끼리 비교할 수 있어요.

$\dfrac{1}{2} = \dfrac{5}{10} = 0.5$

**7** 0.7 ○ $\dfrac{3}{5}$

소수를 분수로 바꾸어
분수끼리 비교할 수도 있어요.

$0.7 = \dfrac{7}{10}$   $\dfrac{3}{5} = \dfrac{6}{10}$

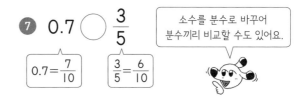

**2** $\dfrac{2}{5}$ ○ 0.5

**8** 0.16 ○ $\dfrac{9}{50}$

**3** $\dfrac{3}{4}$ ○ 0.85

**9** 0.57 ○ $\dfrac{14}{25}$

**4** $\dfrac{7}{20}$ ○ 0.36

**10** 0.73 ○ $\dfrac{37}{50}$

**5** $\dfrac{6}{25}$ ○ 0.19

**11** 0.591 ○ $\dfrac{5}{8}$

분모를 10, 100, 1000으로 바꿀 때 꿀팁

분모가 2, 5이면 ➡ 분모를 10으로!
분모가 4, 20, 25, 50이면 ➡ 분모를 100으로!
분모가 8, 125이면 ➡ 분모를 1000으로!

기억해 두면 분수를 소수로 바꿀 때 편리해요.

**6** $\dfrac{3}{8}$ ○ 0.4

※ 두 수의 크기를 비교하여 ○ 안에 >, =, <를 알맞게 써넣으세요.

**1** $\frac{3}{4}$ ○ 0.8

**7** 0.92 ○ $\frac{173}{200}$

**2** 0.42 ○ $\frac{2}{5}$

**8** 4.4 ○ $4\frac{1}{2}$

**3** $\frac{2}{25}$ ○ 0.09

**9** $5\frac{1}{5}$ ○ 5.2

**4** 0.83 ○ $\frac{9}{10}$

**10** 2.724 ○ $2\frac{5}{8}$

**5** $\frac{19}{50}$ ○ 0.4

**11** $6\frac{7}{25}$ ○ 6.27

**6** 0.61 ○ $\frac{11}{20}$

이정도 분수와 소수는 외워 두면 정말 편해요!
$\frac{1}{2}=0.5$, $\frac{1}{5}=0.2$, $\frac{1}{4}=0.25$, $\frac{3}{4}=0.75$
$\frac{1}{8}=0.125$, $\frac{3}{8}=0.375$, $\frac{5}{8}=0.625$, $\frac{7}{8}=0.875$

✺ 그림을 보고 ☐ 안에 알맞은 수를 써넣으세요.

**1**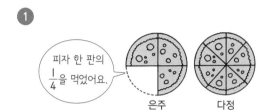

은주와 다정이는 같은 크기의 피자를 각각 4조각,

8조각으로 똑같이 나누었습니다.

다정이가 은주와 같은 양을 먹으려면 다정이는

☐조각을 먹어야 합니다.

**2**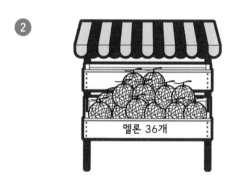

멜론 36개 중에서 30개가 팔렸습니다. 팔린 멜론은

전체 멜론의 몇 분의 몇인지 기약분수로 나타내면

☐ 입니다.

**3**

서준이는 $\dfrac{7}{9}$ 시간 동안 낮잠을 잤고,

소영이는 $\dfrac{11}{15}$ 시간 동안 낮잠을 잤습니다.

낮잠을 더 오래 잔 사람은 ☐ 입니다.

**4**

주스, 우유, 콜라가 각각 한 병씩 있습니다. 이 중에서

가장 많은 음료는 ☐ 입니다.

❀ 택배 상자에 적힌 두 분수를 최소공배수로 통분하면 배달해야 할 집을 찾을 수 있어요.
택배 상자와 배달해야 할 집을 선으로 이어 보세요.

① 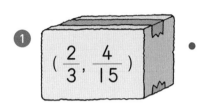 $\left( \dfrac{2}{3}, \dfrac{4}{15} \right)$

 $\left( \dfrac{21}{24}, \dfrac{20}{24} \right)$

② 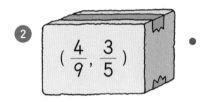 $\left( \dfrac{4}{9}, \dfrac{3}{5} \right)$

 $\left( \dfrac{10}{15}, \dfrac{4}{15} \right)$

③ 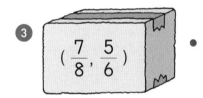 $\left( \dfrac{7}{8}, \dfrac{5}{6} \right)$

 $\left( \dfrac{20}{48}, \dfrac{27}{48} \right)$

④  $\left( \dfrac{5}{12}, \dfrac{9}{16} \right)$

 $\left( \dfrac{20}{45}, \dfrac{27}{45} \right)$

셋째 마당까지
다 풀다니~
정말 멋져!

넷째 마당

# 분수의 덧셈과 뺄셈

교과서 5. 분수의 덧셈과 뺄셈



오늘 공부한 단계를 색칠해 보세요!
35
36
37
38
39
40
41
42
43
44
45
46
47
48
49
50

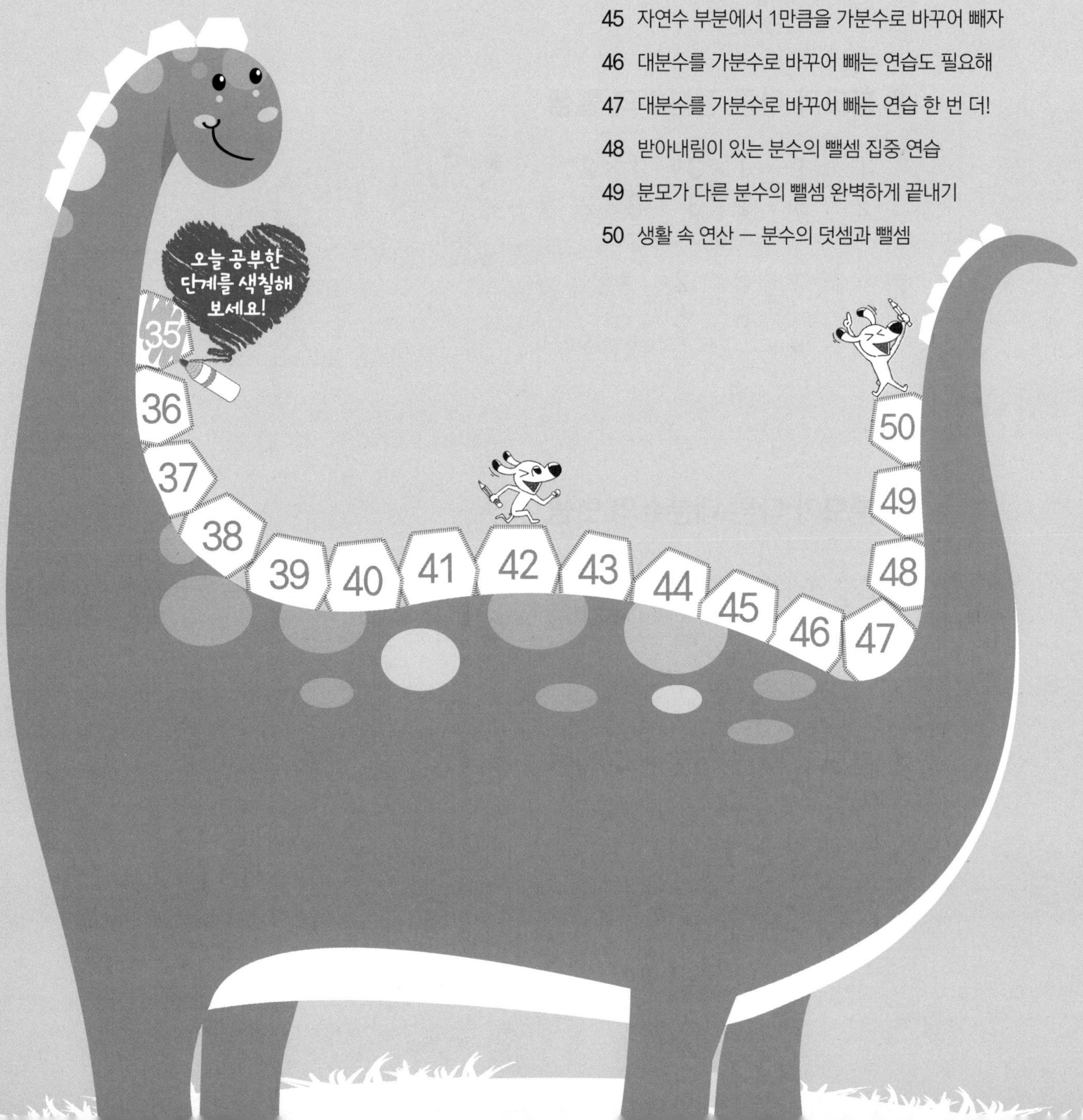

## 💡 바빠 개념 쏙쏙!

### ☆ 분모가 다른 진분수의 덧셈

$$\frac{2}{3} + \frac{1}{4} = \frac{2 \times 4}{3 \times 4} + \frac{1 \times 3}{4 \times 3}$$

❶ 분모를 통분해요.

$$= \frac{8}{12} + \frac{3}{12} = \frac{11}{12}$$

❷ 분모는 그대로 두고, 분자끼리 더해요.

분모가 다르면 통분을 먼저 해요.

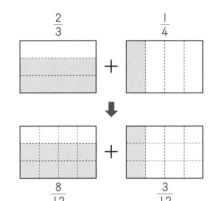

### ☆ 분모가 다른 진분수의 뺄셈

$$\frac{1}{2} - \frac{1}{3} = \frac{1 \times 3}{2 \times 3} - \frac{1 \times 2}{3 \times 2}$$

❶ 분모를 통분해요.

$$= \frac{3}{6} - \frac{2}{6} = \frac{1}{6}$$

❷ 분모는 그대로 두고, 분자끼리 빼요.

분모야 같아져라~

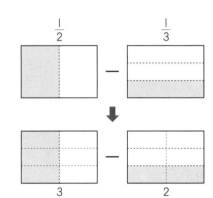

### ☆ 분모가 다른 대분수의 덧셈

$$2\frac{1}{6} + 1\frac{2}{9} = 2\frac{3}{18} + 1\frac{4}{18} = (2+1) + \left(\frac{3}{18} + \frac{4}{18}\right) = 3 + \frac{7}{18} = 3\frac{7}{18}$$

❶ 분모를 통분해요.　　❷ 자연수끼리, 분수끼리 더해요.

### ☆ 분모가 다른 대분수의 뺄셈

대분수를 가분수로 바꾸어 계산할 수도 있어요.

$$3\frac{1}{2} - 1\frac{3}{8} = 3\frac{4}{8} - 1\frac{3}{8} = (3-1) + \left(\frac{4}{8} - \frac{3}{8}\right) = 2 + \frac{1}{8} = 2\frac{1}{8}$$

❶ 분모를 통분해요.　❷ 자연수끼리, 분수끼리 빼요.

목표 시간 3분

✿ 계산하여 기약분수로 나타내세요.

분모와 분자의 공약수가 1뿐인 분수예요.

분모가 다르면 같게 한 다음 더해 줘요.
계산 결과가 약분이 되면 약분해서
기약분수로 나타내세요~

① $\dfrac{1}{2} + \dfrac{1}{5} = \dfrac{5}{10} + \dfrac{\square}{10} = \dfrac{\square}{10}$

분모를 통분해요.

⑦ $\dfrac{1}{6} + \dfrac{2}{7} =$

분모의 최소공배수로 통분하면
수가 간단해져서 계산이 편리해요.

② $\dfrac{3}{4} + \dfrac{1}{8} = \dfrac{\square}{8} + \dfrac{1}{8} = \dfrac{\square}{8}$

분모의 곱으로 통분하면 약분이 꼭 필요해요.

$$\dfrac{3}{4} + \dfrac{1}{8} = \dfrac{24}{32} + \dfrac{4}{32} = \dfrac{\overset{7}{\cancel{28}}}{\underset{8}{\cancel{32}}} = \dfrac{7}{8}$$

⑧ $\dfrac{4}{7} + \dfrac{2}{9} =$

③ $\dfrac{4}{5} + \dfrac{1}{10} =$

⑨ $\dfrac{5}{8} + \dfrac{1}{12} =$

④ $\dfrac{1}{12} + \dfrac{3}{24} =$

⑩ $\dfrac{3}{10} + \dfrac{3}{8} =$

⑤ $\dfrac{1}{3} + \dfrac{1}{2} =$

⑪ $\dfrac{2}{9} + \dfrac{5}{12} =$

⑥ $\dfrac{3}{8} + \dfrac{1}{6} =$

⑫ $\dfrac{1}{15} + \dfrac{4}{9} =$

개정된 교육과정에서는 계산 결과를 약분하지 않아도 답으로 인정합니다. 하지만 기약분수로 나타내는 습관을 들이는 게 좋습니다.

목표 시간 3분

## 계산하여 기약분수로 나타내세요.

❶ $\frac{1}{2}+\frac{4}{9}=$

통분 먼저 하세요!
그 다음은 분자끼리만
더하면 되니 어렵지 않아요~

❷ $\frac{2}{3}+\frac{1}{15}=$

❸ $\frac{3}{7}+\frac{1}{9}=$

❹ $\frac{1}{6}+\frac{3}{4}=$

❺ $\frac{2}{7}+\frac{3}{5}=$

❻ $\frac{3}{8}+\frac{11}{24}=$

❼ $\frac{5}{6}+\frac{2}{15}=$

❽ $\frac{3}{18}+\frac{5}{12}=$

❾ $\frac{3}{14}+\frac{1}{21}=$

❿ $\frac{1}{8}+\frac{3}{10}=$

⓫ $\frac{9}{20}+\frac{4}{15}=$

⓬ $\frac{5}{24}+\frac{7}{16}=$

## 36 계산 결과가 가분수이면 대분수로 바꾸자

✿ 계산하여 기약분수로 나타내세요.

> 계산 결과가 가분수이면
> 대분수로 바꾸어 나타내요.

❶ $\dfrac{1}{2} + \dfrac{2}{3} = \dfrac{3}{6} + \dfrac{\square}{6} = \dfrac{\square}{6} = \boxed{\phantom{xx}}$

    ❶ 분모를 통분해요.    ❷ 대분수로 나타내요.

❷ $\dfrac{3}{4} + \dfrac{5}{6} =$

❸ $\dfrac{1}{3} + \dfrac{7}{9} =$

❹ $\dfrac{3}{5} + \dfrac{5}{8} =$

❺ $\dfrac{4}{21} + \dfrac{6}{7} =$

❻ $\dfrac{7}{8} + \dfrac{7}{20} =$

❼ $\dfrac{1}{4} + \dfrac{9}{10} =$

❽ $\dfrac{11}{12} + \dfrac{4}{9} =$

❾ $\dfrac{4}{5} + \dfrac{8}{15} =$

❿ $\dfrac{9}{12} + \dfrac{5}{18} =$

⓫ $\dfrac{7}{10} + \dfrac{11}{15} =$

> 통분이 빨라지는 꿀팁
>
> 최대공약수를 아래에 쓰고,    이렇게 분자와 몇을 곱한 값이
> 분모에서 몇을 곱해야 하는지    통분한 분수의 분자가 돼요~
> 옆에 살짝 써놓으세요.
>
> $$\dfrac{1}{{}_9 2} + \dfrac{4}{{}_9 2}\ \ \Rightarrow\ \ {}^{\small ⑨}\!\!\dfrac{1}{{}_9 2} + \dfrac{4}{{}_9 2}\!\!{}^{\small ⑧} = \dfrac{⑨}{18} + \dfrac{⑧}{18}$$
>       $\uparrow$ 18             
>    ↳ 두 분모의 최대공약수

❀ 계산하여 기약분수로 나타내세요.

1  $\dfrac{1}{2} + \dfrac{5}{8} =$

7  $\dfrac{2}{3} + \dfrac{5}{6} =$

2  $\dfrac{2}{5} + \dfrac{6}{7} =$

8  $\dfrac{1}{4} + \dfrac{10}{13} =$

3  $\dfrac{3}{4} + \dfrac{5}{12} =$

9  $\dfrac{5}{8} + \dfrac{7}{12} =$

4  $\dfrac{3}{5} + \dfrac{7}{10} =$

10  $\dfrac{1}{3} + \dfrac{11}{16} =$

5  $\dfrac{8}{9} + \dfrac{7}{18} =$

11  $\dfrac{5}{9} + \dfrac{4}{5} =$

6  $\dfrac{9}{10} + \dfrac{1}{6} =$

12  $\dfrac{8}{15} + \dfrac{13}{20} =$

## 37 통분한 다음 자연수끼리, 분수끼리 더하자

✿ 자연수끼리, 분수끼리 계산하여 기약분수로 나타내세요.

4학년 때 분모가 같은 대분수의
덧셈을 배웠죠? 통분 과정만
하나 더 늘어난 거예요~

① $1\dfrac{1}{2}+3\dfrac{1}{4}=1\dfrac{\boxed{\phantom{0}}}{4}+3\dfrac{1}{4}=(1+3)+\left(\dfrac{\boxed{\phantom{0}}}{4}+\dfrac{1}{4}\right)=4\dfrac{\boxed{\phantom{0}}}{4}$

❶ 분모를 통분해요.    ❷ 자연수끼리, 분수끼리 더해요.

② $2\dfrac{3}{4}+1\dfrac{1}{6}=2\dfrac{\boxed{\phantom{0}}}{12}+1\dfrac{\boxed{\phantom{0}}}{12}=(2+1)+\left(\dfrac{\boxed{\phantom{0}}}{12}+\dfrac{\boxed{\phantom{0}}}{12}\right)=3\dfrac{\boxed{\phantom{0}}}{12}$

③ $1\dfrac{1}{5}+3\dfrac{1}{2}=$ _____

④ $2\dfrac{1}{4}+2\dfrac{2}{7}=$ _____

⑤ $2\dfrac{2}{9}+4\dfrac{5}{18}=$ _____

⑥ $4\dfrac{1}{6}+1\dfrac{5}{8}=$ _____

⑦ $3\dfrac{1}{12}+1\dfrac{7}{9}=$ _____

목표 시간 **3분**

🎴 자연수끼리, 분수끼리 계산하여 기약분수로 나타내세요.

① $2\dfrac{2}{9}+1\dfrac{1}{3}=2\dfrac{2}{9}+1\dfrac{\square}{9}=\boxed{\phantom{00}}$

⑦ $4\dfrac{1}{3}+1\dfrac{5}{12}=$

② $2\dfrac{1}{10}+3\dfrac{1}{2}=$

⑧ $3\dfrac{3}{8}+1\dfrac{1}{12}=$

③ $2\dfrac{1}{3}+2\dfrac{1}{5}=$

⑨ $1\dfrac{1}{6}+4\dfrac{3}{8}=$

④ $1\dfrac{3}{7}+1\dfrac{5}{14}=$

⑩ $1\dfrac{2}{15}+3\dfrac{3}{10}=$

⑤ $2\dfrac{1}{4}+3\dfrac{2}{9}=$

⑪ $5\dfrac{1}{4}+1\dfrac{7}{18}=$

⑥ $6\dfrac{1}{10}+2\dfrac{3}{4}=$

⑫ $2\dfrac{5}{12}+3\dfrac{1}{15}=$

## 38 분수끼리의 합이 가분수이면 대분수로 바꾸자

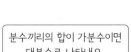

목표 시간 3분

😊 자연수끼리, 분수끼리 계산하여 기약분수로 나타내세요.

> 분수끼리의 합이 가분수이면
> 대분수로 나타내요.

① $2\dfrac{1}{2}+1\dfrac{2}{3}=2\dfrac{\boxed{\phantom{0}}}{6}+1\dfrac{\boxed{\phantom{0}}}{6}=(2+1)+(\dfrac{\boxed{\phantom{0}}}{6}+\dfrac{\boxed{\phantom{0}}}{6})=3\dfrac{\boxed{\phantom{0}}}{6}=\boxed{\phantom{0000}}$

    ❶ 분모를 통분해요.    ❷ 자연수끼리, 분수끼리 더해요.    ❸ 대분수로 나타내요.

② $1\dfrac{1}{2}+3\dfrac{3}{5}=$

③ $1\dfrac{1}{3}+1\dfrac{3}{4}=$

④ $2\dfrac{1}{4}+2\dfrac{5}{6}=$

⑤ $1\dfrac{5}{6}+2\dfrac{2}{3}=$

⑥ $3\dfrac{5}{6}+2\dfrac{7}{15}=$

⑦ $3\dfrac{7}{8}+1\dfrac{7}{40}=$

목표 시간 **3분**

�֎ 자연수끼리, 분수끼리 계산하여 기약분수로 나타내세요.

**1** $1\dfrac{3}{4}+2\dfrac{1}{3}=1\dfrac{\square}{12}+2\dfrac{\square}{12}=3\dfrac{\square}{12}=\boxed{\phantom{xx}}$

└─ 답은 대분수로 나타내요.

**2** $2\dfrac{7}{8}+3\dfrac{1}{4}=$

**7** $2\dfrac{7}{10}+2\dfrac{3}{4}=$

**3** $4\dfrac{7}{9}+1\dfrac{1}{3}=$

**8** $3\dfrac{7}{12}+2\dfrac{11}{16}=$

**4** $6\dfrac{1}{2}+1\dfrac{9}{14}=$

**9** $3\dfrac{4}{5}+5\dfrac{9}{20}=$

**5** $1\dfrac{13}{15}+4\dfrac{1}{3}=$

**10** $3\dfrac{5}{6}+3\dfrac{7}{8}=$

**6** $1\dfrac{3}{5}+1\dfrac{4}{9}=$

**11** $4\dfrac{5}{18}+3\dfrac{3}{4}=$

✿ 대분수를 가분수로 바꾸어 계산하여 기약분수로 나타내세요.

1  $3\dfrac{1}{2}+1\dfrac{1}{3}=\dfrac{\boxed{\phantom{0}}}{2}+\dfrac{\boxed{\phantom{0}}}{3}=\dfrac{\boxed{\phantom{0}}}{6}+\dfrac{\boxed{\phantom{0}}}{6}=\dfrac{\boxed{\phantom{0}}}{6}=\boxed{\phantom{0}}$

　　❶ 가분수로 바꿔요.　　　❷ 분모를 통분해요.　　　❸ 대분수로 나타내요.

2  $1\dfrac{2}{5}+1\dfrac{3}{10}=\dfrac{\boxed{\phantom{0}}}{5}+\dfrac{\boxed{\phantom{0}}}{10}=\dfrac{\boxed{\phantom{0}}}{10}+\dfrac{\boxed{\phantom{0}}}{10}=\dfrac{\boxed{\phantom{0}}}{10}=\boxed{\phantom{0}}$

3  $1\dfrac{2}{3}+2\dfrac{1}{4}=$

4  $4\dfrac{1}{2}+1\dfrac{3}{7}=$

5  $1\dfrac{1}{6}+1\dfrac{4}{9}=$

6  $2\dfrac{7}{10}+1\dfrac{7}{15}=$

7  $1\dfrac{3}{8}+1\dfrac{9}{10}=$

교과서에서는 대분수의 덧셈을 2가지 방법으로 모두 연습합니다. 39과는 대분수를 가분수로 바꾸어 풀어 보세요.

목표 시간 4분

※ 대분수를 가분수로 바꾸어 계산하여 기약분수로 나타내세요.

❶ $5\frac{1}{2}+3\frac{1}{4}=\frac{\square}{2}+\frac{\square}{4}=\frac{\square}{4}+\frac{\square}{4}=\frac{\square}{4}=\square$

가분수로 바꾸어 푸는 연습도 해 두면 교과서를 풀 때 자신감이 생길 거예요!

❷ $2\frac{1}{4}+2\frac{2}{5}=$

❸ $1\frac{1}{3}+1\frac{2}{9}=$

❹ $2\frac{2}{5}+1\frac{2}{3}=$

❺ $2\frac{1}{4}+1\frac{5}{16}=$

❻ $1\frac{4}{9}+4\frac{1}{6}=$

❼ $1\frac{3}{5}+1\frac{5}{6}=$

❽ $1\frac{7}{10}+1\frac{3}{20}=$

친구들이 자주 틀리는 문제! 앗! 실수

❾ $3\frac{1}{8}+1\frac{7}{12}=$

조심! 가분수로 바꾸어 통분할 때 분자가 커져서 실수하기 쉬워요.

❿ $1\frac{4}{7}+2\frac{1}{5}=$

⓫ $2\frac{9}{11}+3\frac{10}{33}=$

# 40 대분수를 가분수로 바꾸어 더하는 연습 한 번 더!

목표 시간 4분

※ 대분수를 가분수로 바꾸어 계산하여 기약분수로 나타내세요.

❶ $1\frac{5}{6}+1\frac{2}{3}=\frac{\square}{6}+\frac{\square}{3}=\frac{\square}{6}+\frac{\square}{6}=\frac{\square}{6}=\frac{\square}{2}=\square$

$1\frac{5}{6}=\frac{6+5}{6}$

계산 결과가 약분이 되면 약분해 줘요.

❷ $2\frac{1}{2}+3\frac{7}{10}=$

❸ $2\frac{3}{4}+4\frac{1}{3}=$

❹ $1\frac{1}{3}+1\frac{6}{7}=$

❺ $2\frac{5}{6}+1\frac{5}{9}=$

❻ $1\frac{5}{8}+1\frac{7}{12}=$

❼ $1\frac{2}{7}+1\frac{9}{14}=$

❽ $2\frac{1}{5}+2\frac{17}{20}=$

❾ $2\frac{7}{10}+1\frac{8}{15}=$

❿ $1\frac{4}{5}+2\frac{2}{7}=$

⓫ $1\frac{3}{11}+2\frac{1}{3}=$

[ 교과서에서는 대분수의 덧셈을 2가지 방법으로 모두 연습합니다. 40과는 대분수를 가분수로 바꾸어 풀어 보세요. ]

목표 시간 **4분**

✱ 대분수를 가분수로 바꾸어 계산하여 기약분수로 나타내세요.

가분수로 바꾼 다음 통분하는 과정에서 실수하기 쉬워요. 차근차근 풀어 보세요.

① $1\dfrac{1}{3}+2\dfrac{2}{5}=\dfrac{\boxed{\phantom{0}}}{3}+\dfrac{\boxed{\phantom{0}}}{5}=\dfrac{\boxed{\phantom{0}}}{15}+\dfrac{\boxed{\phantom{0}}}{15}=\dfrac{\boxed{\phantom{0}}}{15}=\boxed{\phantom{000}}$

② $1\dfrac{4}{5}+3\dfrac{1}{2}=$

③ $2\dfrac{4}{7}+1\dfrac{9}{14}=$

④ $2\dfrac{3}{4}+2\dfrac{1}{3}=$

⑤ $4\dfrac{1}{2}+1\dfrac{3}{5}=$

⑥ $2\dfrac{2}{5}+2\dfrac{3}{7}=$

⑦ $2\dfrac{1}{4}+1\dfrac{9}{10}=$

⑧ $1\dfrac{5}{12}+2\dfrac{3}{20}=$

⑨ $1\dfrac{2}{9}+3\dfrac{4}{5}=$

⑩ $1\dfrac{5}{6}+2\dfrac{7}{8}=$

⑪ $1\dfrac{11}{18}+1\dfrac{7}{12}=$

# 41 받아올림이 있는 분수의 덧셈 집중 연습

목표 시간 3분

계산하여 기약분수로 나타내세요.

두 분모를 보고 최소공배수를
바로 떠올리는 연습을 해 보세요.
속도가 빨라질 거예요~

❶ $1\frac{2}{3}+1\frac{5}{9}=$

❷ $4\frac{2}{5}+1\frac{7}{10}=$

❸ $2\frac{7}{8}+3\frac{5}{16}=$

❹ $2\frac{1}{2}+4\frac{13}{22}=$

❺ $1\frac{4}{7}+2\frac{10}{21}=$

❻ $3\frac{7}{15}+2\frac{17}{30}=$

❼ $1\frac{3}{4}+2\frac{4}{7}=$

❽ $2\frac{4}{5}+5\frac{5}{6}=$

❾ $4\frac{1}{2}+1\frac{6}{11}=$

❿ $2\frac{5}{6}+3\frac{4}{9}=$

⓫ $4\frac{7}{10}+1\frac{8}{15}=$

⓬ $1\frac{5}{12}+2\frac{19}{20}=$

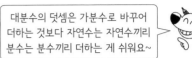

목표 시간 3분

대분수의 덧셈은 가분수로 바꾸어 더하는 것보다 자연수는 자연수끼리 분수는 분수끼리 더하는 게 쉬워요~

## 계산하여 기약분수로 나타내세요.

❶ $1\frac{6}{7}+5\frac{1}{4}=$

❷ $1\frac{2}{3}+2\frac{5}{8}=$

❸ $1\frac{7}{10}+1\frac{13}{30}=$

❹ $1\frac{5}{8}+1\frac{13}{24}=$

❺ $1\frac{9}{10}+2\frac{5}{6}=$

❻ $3\frac{8}{9}+2\frac{5}{18}=$

❼ $2\frac{1}{6}+1\frac{19}{20}=$

❽ $2\frac{7}{8}+1\frac{11}{12}=$

❾ $4\frac{13}{15}+1\frac{7}{20}=$

친구들이 자주 틀리는 문제! 앗! 실수

❿ $2\frac{7}{12}+1\frac{11}{16}=$

⓫ $3\frac{3}{4}+1\frac{5}{14}=$

내가 틀린 문제 한 번 더 풀기

☐ + ☐ = ☐

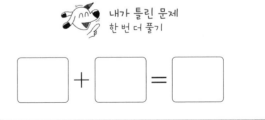

목표 시간 3분

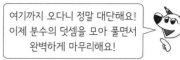
여기까지 오다니 정말 대단해요!
이제 분수의 덧셈을 모아 풀면서
완벽하게 마무리해요!

✂ 계산하여 기약분수로 나타내세요.

① $\dfrac{5}{9} + \dfrac{7}{12} =$

⑦ $1\dfrac{5}{18} + 2\dfrac{3}{4} =$

② $\dfrac{5}{6} + \dfrac{8}{21} =$

⑧ $1\dfrac{13}{14} + 4\dfrac{10}{21} =$

친구들이 자주 틀리는 문제! 앗! 실수

③ $3\dfrac{2}{9} + 2\dfrac{7}{15} =$

⑨ $\dfrac{3}{10} + \dfrac{7}{18} =$

④ $2\dfrac{5}{12} + 1\dfrac{4}{20} =$

⑩ $4\dfrac{11}{30} + 2\dfrac{3}{4} =$

⑤ $4\dfrac{9}{10} + 1\dfrac{4}{25} =$

⑪ $2\dfrac{13}{20} + 3\dfrac{23}{30} =$

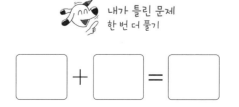
내가 틀린 문제
한 번 더 풀기

$\boxed{\phantom{0}} + \boxed{\phantom{0}} = \boxed{\phantom{0}}$

⑥ $2\dfrac{9}{16} + 2\dfrac{7}{10} =$

통분이 빠르게 안 되는 문제는
한 번 더 풀어 보세요~

목표 시간 3분

계산 결과가 가분수이면
대분수로 바꾸어 나타내요.

## 빈칸에 알맞은 기약분수를 써넣으세요.

① (→ +, ↓ +)

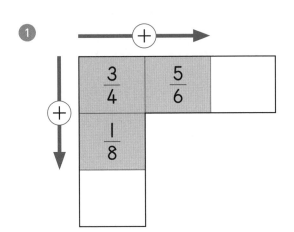

| | | |
|---|---|---|
| $\frac{3}{4}$ | $\frac{5}{6}$ | |
| $\frac{1}{8}$ | | |
| | | |

② (→ +, ↓ +)

| | | |
|---|---|---|
| $\frac{3}{8}$ | $\frac{7}{12}$ | |
| $\frac{7}{10}$ | | |
| | | |

③ (→ +, ↓ +)

| | | |
|---|---|---|
| $1\frac{2}{3}$ | $4\frac{1}{4}$ | |
| $1\frac{5}{6}$ | | |
| | | |

④ (→ +, ↓ +)

| | | |
|---|---|---|
| $5\frac{3}{4}$ | $1\frac{1}{10}$ | |
| $3\frac{9}{14}$ | | |
| | | |

⑤ (→ +, ↓ +)

| | | |
|---|---|---|
| $1\frac{7}{12}$ | $3\frac{9}{16}$ | |
| $2\frac{11}{18}$ | | |
| | | |

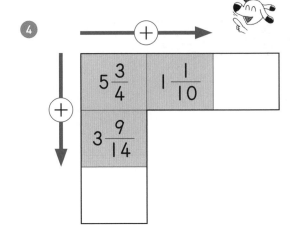

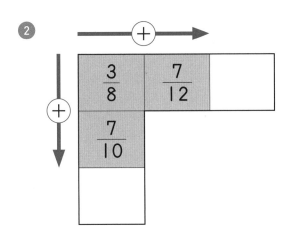

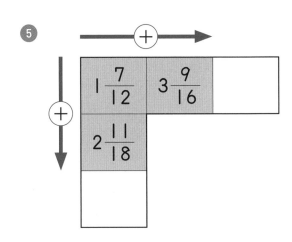

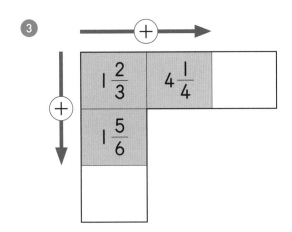

분모가 다른 분수의 덧셈 비결은
분모의 최소공배수를 빠르게 떠올려
수를 간단하게 통분하는 거예요~

목표 시간 3분

✂ 계산하여 기약분수로 나타내세요.

분모가 다르면 같게 한 다음 빼 줘요.
계산 결과가 약분이 되면 약분해서
기약분수로 나타내세요~

**1** $\dfrac{2}{3} - \dfrac{1}{2} = \dfrac{4}{6} - \dfrac{\phantom{0}}{6} = \dfrac{\phantom{0}}{6}$

분모를 통분해요.

**7** $\dfrac{3}{8} - \dfrac{1}{6} =$

분모의 최소공배수로 통분하면
수가 간단해져서 계산이 편리해요.

**2** $\dfrac{5}{8} - \dfrac{1}{4} = \dfrac{5}{8} - \dfrac{\phantom{0}}{8} = \dfrac{\phantom{0}}{8}$

분모의 곱으로 통분하면 약분이 꼭 필요해요.

$\dfrac{5}{8} - \dfrac{1}{4} = \dfrac{20}{32} - \dfrac{8}{32} = \dfrac{\overset{3}{\cancel{12}}}{\underset{8}{\cancel{32}}} = \dfrac{3}{8}$

**8** $\dfrac{9}{10} - \dfrac{7}{15} =$

**3** $\dfrac{1}{2} - \dfrac{2}{7} =$

**9** $\dfrac{2}{3} - \dfrac{6}{11} =$

**4** $\dfrac{5}{6} - \dfrac{5}{9} =$

**10** $\dfrac{6}{7} - \dfrac{5}{14} =$

**5** $\dfrac{3}{4} - \dfrac{2}{5} =$

**11** $\dfrac{4}{9} - \dfrac{5}{12} =$

**6** $\dfrac{4}{5} - \dfrac{3}{10} =$

**12** $\dfrac{11}{15} - \dfrac{13}{30} =$

개정된 교육과정에서는 계산 결과를 약분하지 않아도 답으로 인정합니다. 하지만 기약분수로 나타내는 습관을 들이는 게 좋습니다.

목표 시간 3분

## 계산하여 기약분수로 나타내세요.

❶ $\frac{1}{2}-\frac{1}{4}=$

통분 먼저 하세요!
그 다음은 분자끼리만
빼면 되니 어렵지 않아요~

❼ $\frac{2}{3}-\frac{2}{9}=$

❷ $\frac{7}{15}-\frac{1}{3}=$

❽ $\frac{4}{9}-\frac{1}{6}=$

❸ $\frac{7}{9}-\frac{1}{2}=$

❾ $\frac{5}{12}-\frac{3}{8}=$

❹ $\frac{6}{7}-\frac{2}{5}=$

❿ $\frac{8}{9}-\frac{11}{15}=$

❺ $\frac{4}{5}-\frac{3}{8}=$

⓫ $\frac{5}{6}-\frac{3}{10}=$

❻ $\frac{25}{28}-\frac{9}{14}=$

⓬ $\frac{13}{20}-\frac{5}{12}=$

## 44 통분한 다음 자연수끼리, 분수끼리 빼자

✿ 자연수끼리, 분수끼리 계산하여 기약분수로 나타내세요.

4학년 때 분모가 같은 대분수의 뺄셈을 배웠죠? 통분 과정만 하나 더 늘어난 거예요~

① $5\dfrac{1}{2} - 2\dfrac{3}{8} = 5\dfrac{\boxed{\phantom{0}}}{8} - 2\dfrac{3}{8} = (5-2) + \left(\dfrac{\boxed{\phantom{0}}}{8} - \dfrac{3}{8}\right) = 3\dfrac{\boxed{\phantom{0}}}{8}$

❶ 분모를 통분해요.　　　　　❷ 자연수끼리, 분수끼리 빼요.

② $4\dfrac{2}{3} - 3\dfrac{1}{2} = 4\dfrac{\boxed{\phantom{0}}}{6} - 3\dfrac{\boxed{\phantom{0}}}{6} = (4-3) + \left(\dfrac{\boxed{\phantom{0}}}{6} - \dfrac{\boxed{\phantom{0}}}{6}\right) = 1\dfrac{\boxed{\phantom{0}}}{6}$

③ $2\dfrac{3}{5} - 1\dfrac{1}{4} =$ _____

④ $6\dfrac{1}{8} - 4\dfrac{1}{9} =$ _____

⑤ $3\dfrac{6}{7} - 1\dfrac{11}{14} =$ _____

⑥ $5\dfrac{7}{8} - 3\dfrac{5}{6} =$ _____

⑦ $4\dfrac{5}{9} - 1\dfrac{5}{12} =$ _____

❀ 자연수끼리, 분수끼리 계산하여 기약분수로 나타내세요.

**1** $8\dfrac{1}{2} - 5\dfrac{1}{4} = 8\dfrac{\boxed{\phantom{0}}}{4} - 5\dfrac{\boxed{\phantom{0}}}{4} = \boxed{\phantom{000}}$

**7** $3\dfrac{4}{7} - 1\dfrac{7}{21} =$

**2** $5\dfrac{3}{4} - 2\dfrac{2}{3} =$

**8** $8\dfrac{7}{15} - 4\dfrac{4}{9} =$

**3** $4\dfrac{5}{6} - 1\dfrac{5}{12} =$

**9** $4\dfrac{11}{18} - 2\dfrac{5}{12} =$

**4** $6\dfrac{5}{8} - 3\dfrac{2}{5} =$

**10** $7\dfrac{5}{6} - 5\dfrac{7}{18} =$

**5** $5\dfrac{5}{6} - 1\dfrac{3}{8} =$

**11** $4\dfrac{7}{12} - 2\dfrac{13}{36} =$

**6** $6\dfrac{7}{10} - 2\dfrac{12}{25} =$

**12** $5\dfrac{9}{10} - 1\dfrac{11}{15} =$

# 45 자연수 부분에서 1만큼을 가분수로 바꾸어 빼자

목표 시간 3분

통분을 해도 분자끼리 뺄 수 없으면 자연수 부분에서 1만큼을 가분수로 바꾸어 풀어요.

자연수끼리, 분수끼리 계산하여 기약분수로 나타내세요.

❶ 분모를 통분해요.

❷ 자연수 부분에서 1만큼을 가분수로 바꿔요.

❸ 자연수끼리, 분수끼리 빼요.

① $7\frac{1}{2}-2\frac{2}{3}=7\frac{3}{6}-2\frac{\square}{6}=6\frac{9}{6}-2\frac{\square}{6}=(6-2)+(\frac{\square}{6}-\frac{\square}{6})=\square$

② $6\frac{1}{4}-3\frac{5}{8}=6\frac{\square}{8}-3\frac{5}{8}=5\frac{\square}{8}-3\frac{5}{8}=(5-3)+(\frac{\square}{8}-\frac{5}{8})=\square$

③ $7\frac{1}{3}-4\frac{3}{5}=$

④ $5\frac{1}{2}-3\frac{4}{5}=$

⑤ $3\frac{4}{11}-1\frac{13}{22}=$

⑥ $6\frac{3}{10}-5\frac{5}{6}=$

⑦ $4\frac{3}{8}-2\frac{7}{12}=$

❀ 자연수끼리, 분수끼리 계산하여 기약분수로 나타내세요.

**1** $3\dfrac{1}{2}-2\dfrac{3}{5}=3\dfrac{\boxed{\phantom{0}}}{10}-2\dfrac{\boxed{\phantom{0}}}{10}=2\dfrac{\boxed{\phantom{0}}}{10}-2\dfrac{\boxed{\phantom{0}}}{10}=\dfrac{\boxed{\phantom{0}}}{10}$

**2** $4\dfrac{1}{5}-2\dfrac{3}{4}=$

**7** $7\dfrac{1}{6}-2\dfrac{3}{8}=$

**3** $5\dfrac{1}{2}-1\dfrac{5}{8}=$

**8** $8\dfrac{1}{9}-4\dfrac{5}{6}=$

**4** $9\dfrac{1}{3}-3\dfrac{6}{7}=$

**9** $6\dfrac{2}{5}-3\dfrac{7}{15}=$

**5** $4\dfrac{1}{10}-2\dfrac{2}{3}=$

**10** $5\dfrac{1}{4}-2\dfrac{3}{10}=$

**6** $3\dfrac{1}{8}-1\dfrac{5}{9}=$

**11** $7\dfrac{2}{15}-4\dfrac{7}{12}=$

✿ 대분수를 가분수로 바꾸어 계산하여 기약분수로 나타내세요.

이번에는 대분수를 가분수로
바꾸어 빼는 연습을 해 봐요.

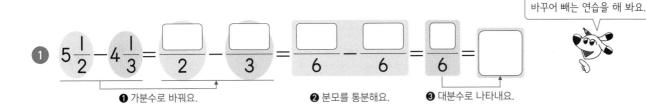

① $5\dfrac{1}{2} - 4\dfrac{1}{3} = \dfrac{\boxed{\phantom{0}}}{2} - \dfrac{\boxed{\phantom{0}}}{3} = \dfrac{\boxed{\phantom{0}}}{6} - \dfrac{\boxed{\phantom{0}}}{6} = \dfrac{\boxed{\phantom{0}}}{6} = \boxed{\phantom{0}}$

❶ 가분수로 바꿔요.   ❷ 분모를 통분해요.   ❸ 대분수로 나타내요.

② $2\dfrac{5}{9} - 1\dfrac{1}{6} = \dfrac{\boxed{\phantom{0}}}{9} - \dfrac{\boxed{\phantom{0}}}{6} = \dfrac{\boxed{\phantom{0}}}{18} - \dfrac{\boxed{\phantom{0}}}{18} = \dfrac{\boxed{\phantom{0}}}{18} = \boxed{\phantom{0}}$

③ $4\dfrac{3}{5} - 1\dfrac{1}{2} =$

④ $5\dfrac{2}{3} - 2\dfrac{1}{4} =$

⑤ $4\dfrac{3}{4} - 3\dfrac{7}{12} =$

⑥ $6\dfrac{1}{3} - 2\dfrac{3}{7} =$

⑦ $3\dfrac{1}{6} - 1\dfrac{3}{10} =$

교과서에서는 분수의 뺄셈을 2가지 방법으로 모두 연습합니다. 46과는 대분수를 가분수로 바꾸어 풀어 보세요.

목표 시간 **4분**

❀ 대분수를 가분수로 바꾸어 계산하여 기약분수로 나타내세요.

**1** $6\dfrac{3}{4} - 2\dfrac{1}{2} = \dfrac{\boxed{\phantom{0}}}{4} - \dfrac{\boxed{\phantom{0}}}{2} = \dfrac{\boxed{\phantom{0}}}{4} - \dfrac{\boxed{\phantom{0}}}{4} = \dfrac{\boxed{\phantom{0}}}{4} = \boxed{\phantom{00}}$

2가지 방법을 모두 연습하면 그때그때 내가 편한 방법으로 풀 수 있겠죠?

**2** $4\dfrac{1}{3} - 2\dfrac{2}{7} =$

**7** $3\dfrac{2}{9} - 1\dfrac{5}{18} =$

**3** $3\dfrac{1}{4} - 1\dfrac{1}{6} =$

**8** $4\dfrac{1}{2} - 2\dfrac{9}{14} =$

**4** $2\dfrac{2}{3} - 1\dfrac{3}{5} =$

**9** $2\dfrac{7}{8} - 1\dfrac{5}{12} =$

친구들이 자주 틀리는 문제! 앗! 실수

**5** $5\dfrac{5}{12} - 2\dfrac{3}{4} =$

**10** $4\dfrac{1}{6} - 1\dfrac{3}{8} =$

조심! 가분수로 바꾸어 통분할 때 분자가 커져서 실수하기 쉬워요.

**6** $4\dfrac{4}{15} - 1\dfrac{2}{3} =$

**11** $3\dfrac{3}{10} - 2\dfrac{12}{25} =$

## 47 대분수를 가분수로 바꾸어 빼는 연습 한 번 더!

❋ 대분수를 가분수로 바꾸어 계산하여 기약분수로 나타내세요.

> 가분수로 바꾼 다음 통분하는
> 과정에서 실수하기 쉬워요.
> 차근차근 풀어 보세요.

① 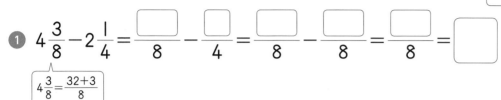 $4\dfrac{3}{8} - 2\dfrac{1}{4} = \dfrac{\square}{8} - \dfrac{\square}{4} = \dfrac{\square}{8} - \dfrac{\square}{8} = \dfrac{\square}{8} = \square$

$4\dfrac{3}{8} = \dfrac{32+3}{8}$

② $3\dfrac{1}{5} - 1\dfrac{1}{2} =$

⑦ $2\dfrac{3}{5} - 1\dfrac{5}{6} =$

③ $6\dfrac{1}{2} - 2\dfrac{5}{7} =$

⑧ $5\dfrac{3}{4} - 2\dfrac{3}{10} =$

④ $2\dfrac{5}{6} - 1\dfrac{3}{8} =$

⑨ $3\dfrac{1}{10} - 1\dfrac{4}{15} =$

⑤ $4\dfrac{5}{14} - 3\dfrac{1}{7} =$

⑩ $2\dfrac{4}{27} - 1\dfrac{2}{3} =$

⑥ $3\dfrac{4}{7} - 1\dfrac{3}{4} =$

⑪ $3\dfrac{7}{11} - 2\dfrac{1}{4} =$

교과서에서는 대분수의 뺄셈을 2가지 방법으로 모두 연습합니다. 47과는 대분수를 가분수로 바꾸어 풀어 보세요.

목표 시간

4분

✖ 대분수를 가분수로 바꾸어 계산하여 기약분수로 나타내세요.

① $3\dfrac{1}{6} - 1\dfrac{1}{2} = \dfrac{\boxed{\phantom{0}}}{6} - \dfrac{\boxed{\phantom{0}}}{2} = \dfrac{\boxed{\phantom{0}}}{6} - \dfrac{\boxed{\phantom{0}}}{6} = \dfrac{\boxed{\phantom{0}}}{6} = \dfrac{\boxed{\phantom{0}}}{3} = \boxed{\phantom{000}}$

② $5\dfrac{1}{3} - 2\dfrac{3}{4} =$

③ $2\dfrac{2}{5} - 1\dfrac{2}{3} =$

④ $3\dfrac{5}{9} - 1\dfrac{7}{12} =$

⑤ $4\dfrac{11}{18} - 1\dfrac{5}{6} =$

⑥ $3\dfrac{3}{8} - 1\dfrac{7}{10} =$

⑦ $4\dfrac{3}{10} - 1\dfrac{4}{5} =$

⑧ $2\dfrac{5}{7} - 1\dfrac{7}{8} =$

⑨ $6\dfrac{3}{14} - 4\dfrac{6}{7} =$

⑩ $3\dfrac{3}{8} - 2\dfrac{5}{12} =$

⑪ $4\dfrac{1}{6} - 2\dfrac{5}{16} =$

# 받아내림이 있는 분수의 뺄셈 집중 연습

✿ 계산하여 기약분수로 나타내세요.

두 분모를 보고 최소공배수를
바로 떠올리는 연습을 해 보세요.
속도가 빨라질 거예요~

① $5\dfrac{2}{3} - 1\dfrac{3}{4} =$

② $7\dfrac{2}{5} - 5\dfrac{9}{10} =$

③ $6\dfrac{1}{2} - 3\dfrac{5}{7} =$

④ $4\dfrac{5}{8} - 2\dfrac{2}{3} =$

⑤ $3\dfrac{1}{4} - 1\dfrac{5}{16} =$

⑥ $7\dfrac{3}{5} - 3\dfrac{7}{10} =$

⑦ $3\dfrac{5}{6} - 2\dfrac{8}{9} =$

⑧ $4\dfrac{3}{8} - 1\dfrac{5}{6} =$

⑨ $5\dfrac{1}{3} - 3\dfrac{8}{11} =$

⑩ $6\dfrac{2}{13} - 2\dfrac{5}{26} =$

⑪ $2\dfrac{2}{9} - 1\dfrac{7}{15} =$

⑫ $6\dfrac{5}{12} - 3\dfrac{11}{20} =$

목표 시간 4분

대분수의 뺄셈은 가분수로 바꾸어 빼는 것보다 자연수는 자연수끼리, 분수는 분수끼리 빼는 게 쉬워요~

✂ 계산하여 기약분수로 나타내세요.

① $3\dfrac{2}{5} - 1\dfrac{2}{3} =$

② $6\dfrac{1}{4} - 3\dfrac{5}{7} =$

③ $8\dfrac{1}{2} - 5\dfrac{8}{13} =$

④ $7\dfrac{3}{8} - 1\dfrac{3}{5} =$

⑤ $3\dfrac{5}{12} - 2\dfrac{4}{9} =$

⑥ $9\dfrac{3}{10} - 4\dfrac{7}{8} =$

⑦ $8\dfrac{4}{9} - 4\dfrac{7}{15} =$

⑧ $7\dfrac{3}{8} - 3\dfrac{9}{14} =$

⑨ $5\dfrac{5}{12} - 4\dfrac{7}{10} =$

친구들이 자주 틀리는 문제!

 앗! 실수

⑩ $6\dfrac{7}{15} - 2\dfrac{13}{20} =$

⑪ $8\dfrac{5}{16} - 3\dfrac{11}{24} =$

 내가 틀린 문제 한 번 더 풀기

☐ − ☐ = ☐

목표 시간 **4분**

계산하여 기약분수로 나타내세요.

여기까지 오다니 정말 대단해요!
이제 분수의 뺄셈을 모아 풀면서
완벽하게 마무리해요!

1  $\dfrac{4}{15} - \dfrac{1}{6} =$

7  $6\dfrac{3}{10} - 3\dfrac{9}{25} =$

2  $\dfrac{11}{16} - \dfrac{7}{12} =$

8  $7\dfrac{9}{14} - 4\dfrac{16}{21} =$

친구들이 자주 틀리는 문제!  **앗! 실수**

3  $3\dfrac{17}{21} - 1\dfrac{2}{3} =$

9  $\dfrac{9}{20} - \dfrac{5}{12} =$

4  $9\dfrac{1}{6} - 5\dfrac{7}{20} =$

10  $5\dfrac{3}{8} - 1\dfrac{21}{28} =$

5  $5\dfrac{9}{14} - 2\dfrac{3}{4} =$

11  $8\dfrac{4}{15} - 4\dfrac{7}{18} =$

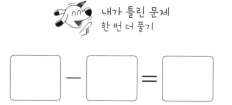
내가 틀린 문제
한 번 더 풀기

$\boxed{\phantom{00}} - \boxed{\phantom{00}} = \boxed{\phantom{00}}$

6  $6\dfrac{8}{15} - 3\dfrac{7}{10} =$

통분이 빠르게 안 되는 문제는
한 번 더 풀어 보세요~

목표 시간 **4분**

❀ 빈칸에 알맞은 기약분수를 써넣으세요.

계산 결과가 가분수이면
대분수로 바꾸어 나타내요.

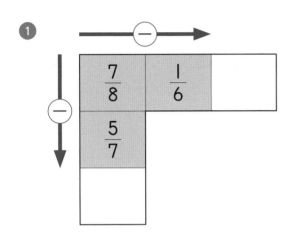

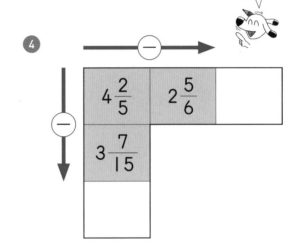

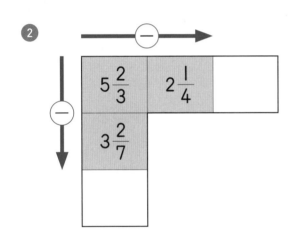

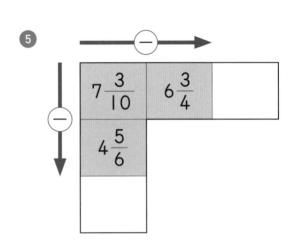

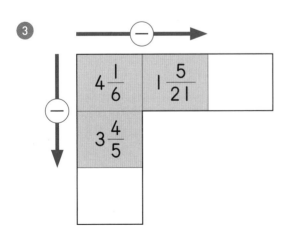

분모가 다른 분수의 뺄셈 비결은
분모의 최소공배수를 빠르게 떠올려
수를 간단하게 통분하는 거예요~

✖ 그림을 보고 ☐ 안에 알맞은 수를 써넣으세요.

**1**

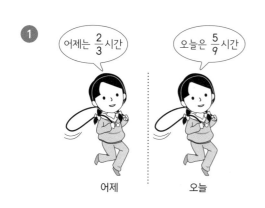

어제는 $\frac{2}{3}$시간

오늘은 $\frac{5}{9}$시간

어제 / 오늘

윤서는 줄넘기를 어제는 $\frac{2}{3}$시간, 오늘은 $\frac{5}{9}$시간

했습니다. 윤서가 어제와 오늘 줄넘기를 한 시간은

모두 ☐ 시간입니다.

> 계산 결과가 가분수이면
> 대분수로 바꾸어 나타내요.

**2**

| 빵 만드는 재료 | |
|---|---|
| 밀가루 | $4\frac{1}{4}$ kg |
| 설탕 | $1\frac{3}{10}$ kg |

진우가 맛있는 빵을 만들고 있습니다.

빵을 만드는 데 사용한 밀가루와 설탕의 무게는

모두 ☐ kg입니다.

**3**

$\frac{7}{8}$ kg / $\frac{5}{12}$ kg

은서 / 동생

딸기 농장에서 딸기를 은서는 $\frac{7}{8}$ kg을 땄고,

동생은 $\frac{5}{12}$ kg 땄습니다. 은서는 동생보다

☐ kg 더 많이 땄습니다.

**4**

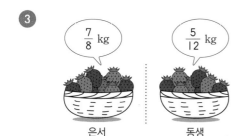

$3\frac{3}{10}$ km / $1\frac{11}{25}$ km

집 / 병원 / 우체국

집에서 우체국까지의 거리는 집에서 병원까지의

거리보다 ☐ km 더 가깝습니다.

목표 시간 3분

😊 동물들이 사다리 타기 게임을 하고 있습니다. 분수의 계산을 하고 사다리를 타고 내려가서 도착한 곳에 기약분수로 써넣으세요.

선을 따라 아래로 내려가다가 가로 선을 만나면 옆으로, 다시 세로 선을 만나면 아래로 내려가세요!

$2\frac{5}{6}+1\frac{7}{12}$

$1\frac{2}{3}+3\frac{1}{4}$

$7\frac{5}{6}-2\frac{3}{4}$

$6\frac{3}{8}-1\frac{7}{12}$

❶　　❷　　❸　　❹

넷째 마당까지 다 풀었네~ 정말 대단해!

# 다섯째 마당

## 다각형의 둘레와 넓이

교과서 6. 다각형의 둘레와 넓이

오늘 공부한 단계를 색칠해 보세요!

51 52 53 54 55 56 57 58

## 바빠 개념 쏙쏙!

### ☆ 다각형의 둘레와 넓이

> 다각형의 둘레와 넓이를 구하는 공식은 꼭 외워야 해요!

**직사각형**

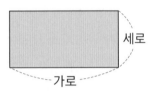

사물의 가장자리를 한 바퀴 돈 거리

(둘레)＝((가로)＋(세로))×2
(넓이)＝(가로)×(세로)

└ 평면의 크기예요.

**평행사변형**

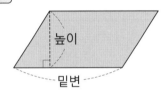

(둘레)＝((한 변의 길이)
　　　　＋(다른 한 변의 길이))×2
(넓이)＝(밑변의 길이)×(높이)

두 밑변 사이의 거리예요.

**마름모**

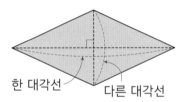

(둘레)＝(한 변의 길이)×4
(넓이)＝(한 대각선의 길이)
　　　　×(다른 대각선의 길이)÷2

**삼각형**

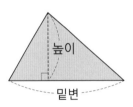

(넓이)＝(밑변의 길이)×(높이)÷2

**사다리꼴**

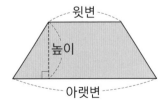

(넓이)
＝((윗변의 길이)＋(아랫변의 길이))
　　×(높이)÷2

※ 개정된 5학년 교육과정에서는 중괄호 { }를
사용하지 않아, 소괄호를 두 번 사용했습니다.

✂ 정다각형의 둘레를 구하세요.
변의 길이와 각의 크기가 모두 같은 다각형이에요.

**1** 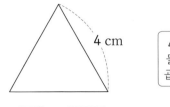 4 cm

4 cm인 변이 3개니까
둘레는 4+4+4=12
곱셈식으로 4×3=12!

4 × ③ = ☐ (cm)

(정다각형의 둘레)
=(한 변의 길이)×(변의 수)예요.

**2** 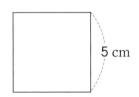 5 cm

5 × ☐ = ☐ (cm)

변의 개수를 세어 봐요~

**3** 6 cm

☐ × 5 = ☐ (cm)

**4** 3 cm

☐ × ☐ = ☐ (cm)

3+3+3+3+3+3으로 계산할 수도
있지만 곱셈식이 더 간단하겠죠?

**5** 2 cm

☐ × ☐ = ☐ (cm)

**6** 5 cm

☐ × ☐ = ☐ (cm)

**7** 4 cm

☐ × ☐ = ☐ (cm)

우린 모두 정씨야.
이름 앞에 '정'이 붙거든~

목표 시간 2분

❄ 다음은 정다각형의 둘레입니다. 정다각형의 한 변의 길이를 구하세요.

① 둘레: 15 cm

15 ÷ ③ = ☐ (cm)

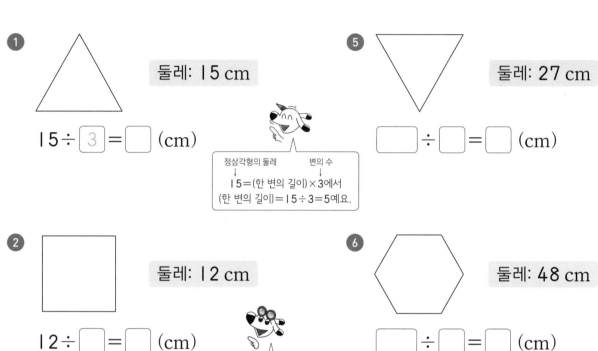

정삼각형의 둘레    변의 수
↓              ↓
15 = (한 변의 길이) × 3에서
(한 변의 길이) = 15 ÷ 3 = 5예요.

② 둘레: 12 cm

12 ÷ ☐ = ☐ (cm)

먼저 변의 수를 세어 봐요.

(정다각형의 한 변의 길이)
= (둘레) ÷ (변의 수)로
구하면 돼요~

③ 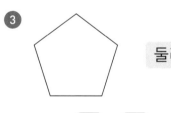 둘레: 30 cm

30 ÷ ☐ = ☐ (cm)

④ 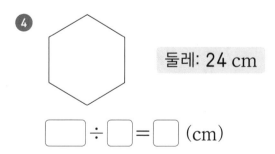 둘레: 24 cm

☐ ÷ ☐ = ☐ (cm)

⑤ 둘레: 27 cm

☐ ÷ ☐ = ☐ (cm)

⑥ 둘레: 48 cm

☐ ÷ ☐ = ☐ (cm)

⑦ 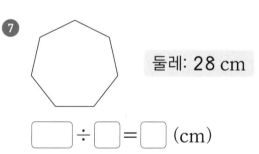 둘레: 28 cm

☐ ÷ ☐ = ☐ (cm)

⑧ 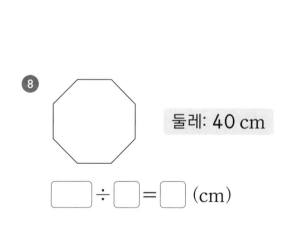 둘레: 40 cm

☐ ÷ ☐ = ☐ (cm)

목표 시간
2분

✖️ 직사각형과 평행사변형의 둘레를 구하세요.

공통점: 마주 보는 변의 길이가 같아요.

**①**

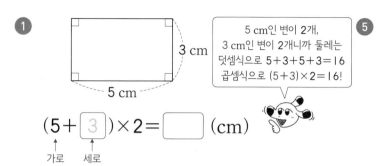

5 cm인 변이 2개,
3 cm인 변이 2개니까 둘레는
덧셈식으로 5+3+5+3=16
곱셈식으로 (5+3)×2=16!

$(5+\boxed{3})\times 2=\boxed{\phantom{0}}$ (cm)

가로  세로

**⑤**

(평행사변형의 둘레)
=((한 변의 길이)+(다른 한 변의 길이))×2

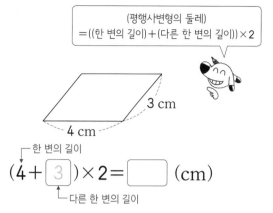

└ 한 변의 길이

$(4+\boxed{3})\times 2=\boxed{\phantom{0}}$ (cm)

└ 다른 한 변의 길이

**②**

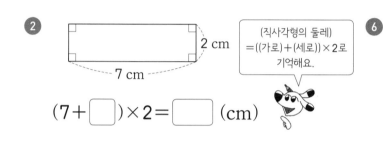

(직사각형의 둘레)
=((가로)+(세로))×2로
기억해요.

$(7+\boxed{\phantom{0}})\times 2=\boxed{\phantom{0}}$ (cm)

**⑥**

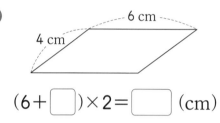

$(6+\boxed{\phantom{0}})\times 2=\boxed{\phantom{0}}$ (cm)

**③**

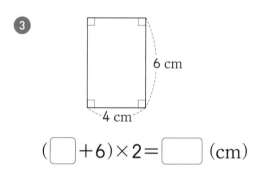

$(\boxed{\phantom{0}}+6)\times 2=\boxed{\phantom{0}}$ (cm)

**⑦**

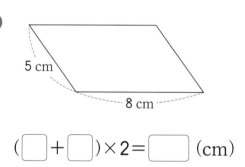

$(\boxed{\phantom{0}}+\boxed{\phantom{0}})\times 2=\boxed{\phantom{0}}$ (cm)

**④**

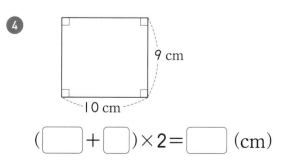

$(\boxed{\phantom{0}}+\boxed{\phantom{0}})\times 2=\boxed{\phantom{0}}$ (cm)

**⑧**

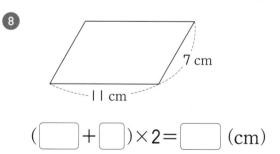

$(\boxed{\phantom{0}}+\boxed{\phantom{0}})\times 2=\boxed{\phantom{0}}$ (cm)

## 정사각형과 마름모의 둘레를 구하세요.

공통점: 네 변의 길이가 모두 같아요.

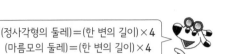

(정사각형의 둘레)=(한 변의 길이)×4
(마름모의 둘레)=(한 변의 길이)×4

**①**

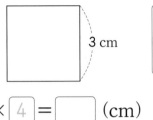

3 cm

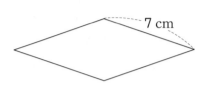

정사각형의 둘레는 앞에서도 배웠죠? 3 cm인 변이 4개니까 둘레는 3×4=12 (cm)

$3 \times \boxed{4} = \boxed{\phantom{0}}$ (cm)

**⑤**

7 cm

$7 \times \boxed{4} = \boxed{\phantom{0}}$ (cm)

**②**

5 cm

$5 \times \boxed{\phantom{0}} = \boxed{\phantom{0}}$ (cm)

**⑥**

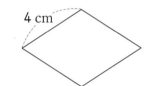

4 cm

$4 \times \boxed{\phantom{0}} = \boxed{\phantom{0}}$ (cm)

**③**

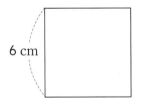

6 cm

$\boxed{\phantom{0}} \times \boxed{\phantom{0}} = \boxed{\phantom{0}}$ (cm)

**⑦**

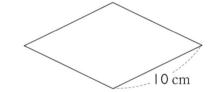

10 cm

$\boxed{\phantom{0}} \times \boxed{\phantom{0}} = \boxed{\phantom{0}}$ (cm)

**④**

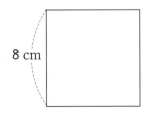

8 cm

$\boxed{\phantom{0}} \times \boxed{\phantom{0}} = \boxed{\phantom{0}}$ (cm)

**⑧**

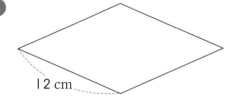

12 cm

$\boxed{\phantom{0}} \times \boxed{\phantom{0}} = \boxed{\phantom{0}}$ (cm)

## 53 직사각형의 넓이는 두 변의 길이의 곱

✤ 직사각형과 정사각형의 넓이를 구하세요.

**1**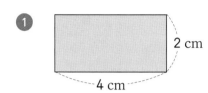

2 cm

4 cm

(직사각형의 넓이)
=(가로)×(세로)

$4 \times \boxed{2} = \boxed{\phantom{0}}$ (cm$^2$)

↑ 가로    ↑ 세로

넓이를 나타내는 단위예요.
'제곱센티미터'라고 읽어요.

**5**

2 cm

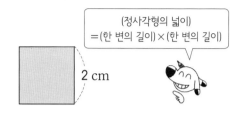
(정사각형의 넓이)
=(한 변의 길이)×(한 변의 길이)

$2 \times \boxed{2} = \boxed{\phantom{0}}$ (cm$^2$)

**2**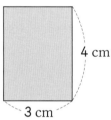

4 cm

3 cm

$3 \times \boxed{\phantom{0}} = \boxed{\phantom{0}}$ (cm$^2$)

**6**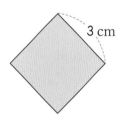

3 cm

$\boxed{\phantom{0}} \times \boxed{\phantom{0}} = \boxed{\phantom{0}}$ (cm$^2$)

**3**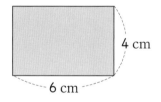

4 cm

6 cm

$\boxed{\phantom{0}} \times 4 = \boxed{\phantom{0}}$ (cm$^2$)

**7**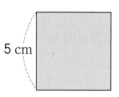

5 cm

$\boxed{\phantom{0}} \times \boxed{\phantom{0}} = \boxed{\phantom{0}}$ (cm$^2$)

**4**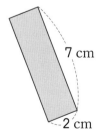

7 cm

2 cm

$\boxed{\phantom{0}} \times \boxed{\phantom{0}} = \boxed{\phantom{0}}$ (cm$^2$)

**8**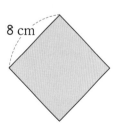

8 cm

$\boxed{\phantom{0}} \times \boxed{\phantom{0}} = \boxed{\phantom{0}}$ (cm$^2$)

목표 시간
2분

✿ 직사각형과 정사각형의 넓이를 구하세요.

단위가 cm인 변을 2개 곱하니까
cm 단위 위에 2를 붙여준다고
기억해요.

**1**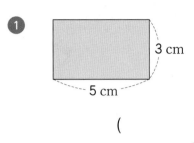

3 cm
5 cm

( cm² )

넓이의 단위를 꼭 써 주세요~

**5**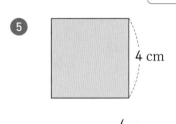

4 cm

(                    )

**2**

8 cm
6 cm

(                    )

**6**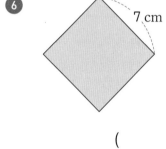

7 cm

(                    )

**3**

4 cm
9 cm

(                    )

**7**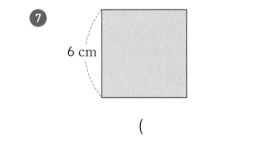

6 cm

(                    )

**4**

10 cm
5 cm

(                    )

**8**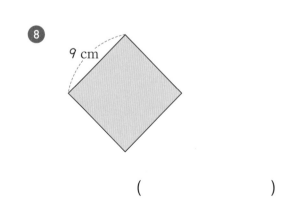

9 cm

(                    )

# 54 평행사변형의 넓이는 밑변과 높이의 곱

목표 시간 2분

❀ 평행사변형의 넓이를 구하세요.

(평행사변형의 넓이)
=(밑변의 길이)×(높이)

❶

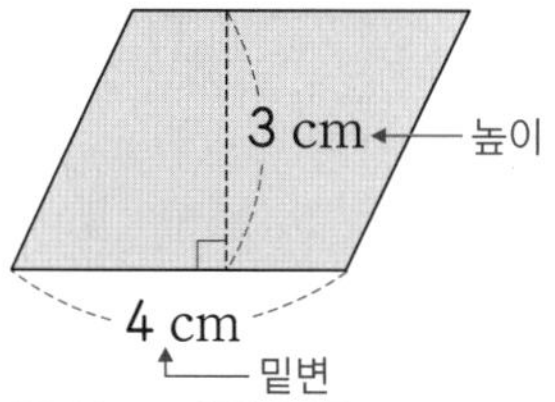

3 cm
높이
4 cm
밑변


$4 \times \boxed{3} = \square$ $(\mathrm{cm}^2)$

밑변 높이

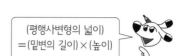

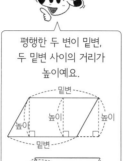

평행한 두 변이 밑변,
두 밑변 사이의 거리가
높이예요.

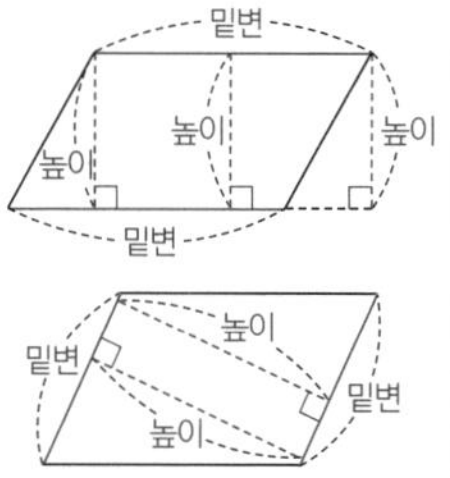

밑변
높이
높이
높이
밑변
밑변
높이
밑변
높이


❷

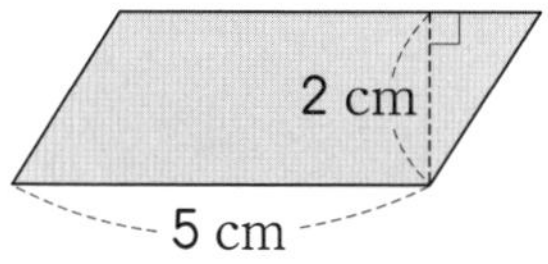

2 cm
5 cm


$5 \times \square = \square$ $(\mathrm{cm}^2)$

❸

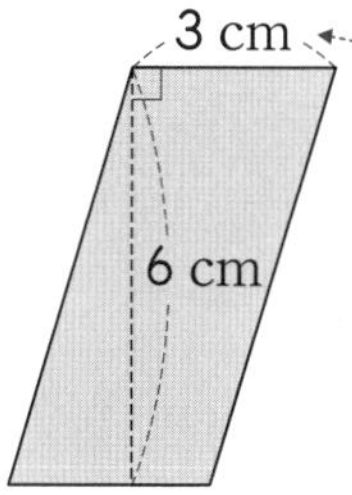

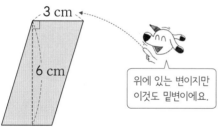

3 cm
6 cm


위에 있는 변이지만
이것도 밑변이에요.

$\square \times 6 = \square$ $(\mathrm{cm}^2)$

❹

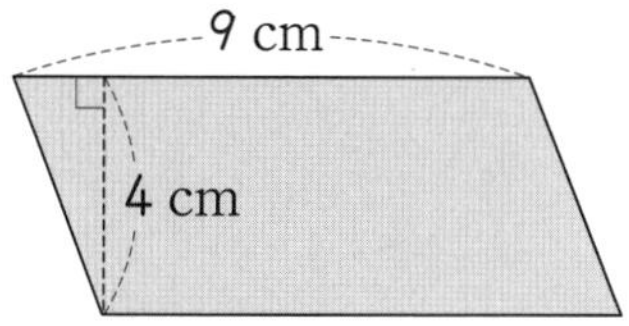

9 cm
4 cm


$\square \times \square = \square$ $(\mathrm{cm}^2)$

❺

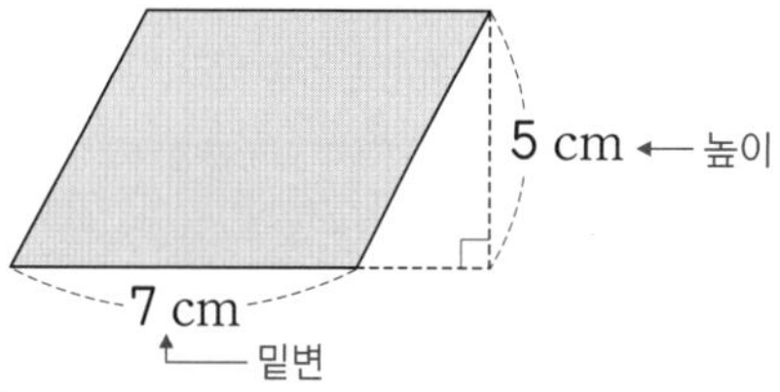

5 cm
높이
7 cm
밑변


$\square \times \square = \square$ $(\mathrm{cm}^2)$

❻

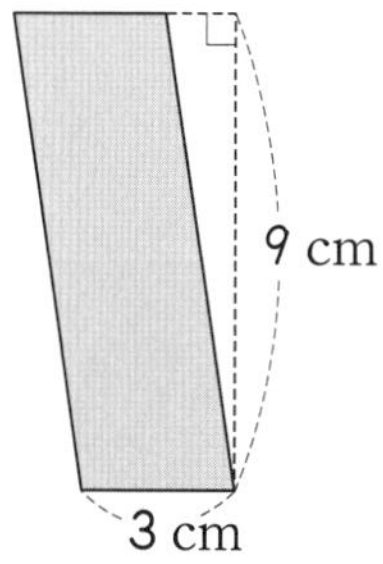

9 cm
3 cm


$\square \times \square = \square$ $(\mathrm{cm}^2)$

❼

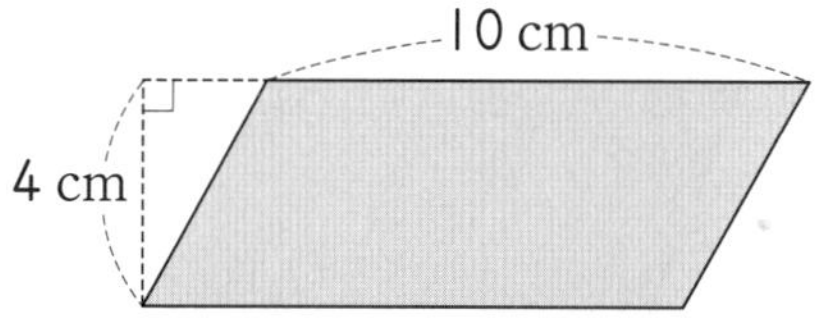

10 cm
4 cm


$\square \times \square = \square$ $(\mathrm{cm}^2)$

❽

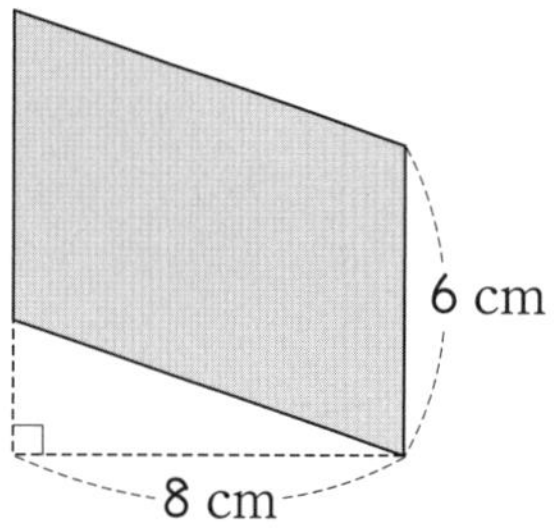

6 cm
8 cm


$\square \times \square = \square$ $(\mathrm{cm}^2)$

✂️ 평행사변형의 넓이를 구하세요.

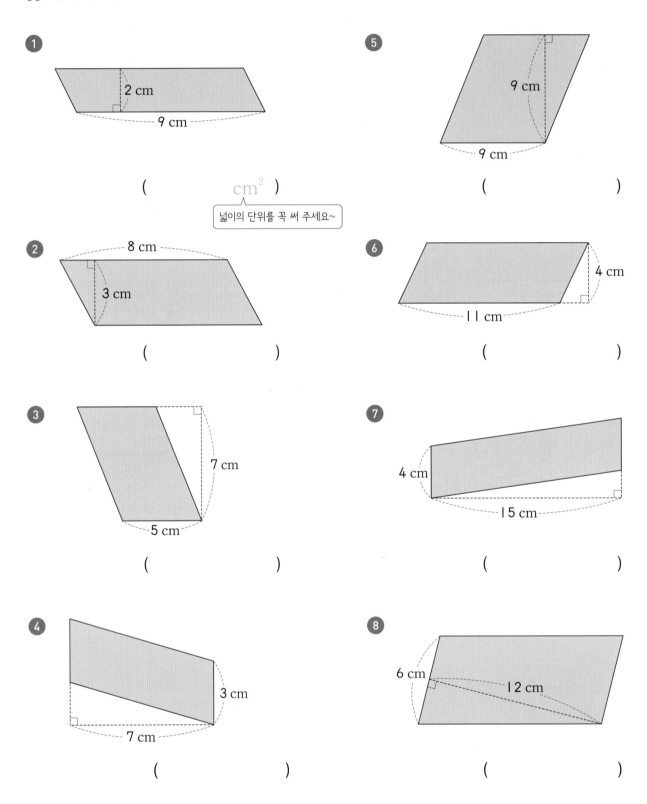

**1**

2 cm
9 cm

( cm² )

넓이의 단위를 꼭 써 주세요~

**2**

8 cm
3 cm

(          )

**3**

7 cm
5 cm

(          )

**4**

3 cm
7 cm

(          )

**5**

9 cm
9 cm

(          )

**6**

4 cm
11 cm

(          )

**7**

4 cm
15 cm

(          )

**8**

6 cm
12 cm

(          )

# 55 삼각형의 넓이는 밑변과 높이의 곱의 반

목표 시간 2분

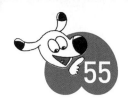

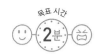

## 삼각형의 넓이를 구하세요.

(삼각형의 넓이)
=(밑변의 길이)×(높이)÷2

❶

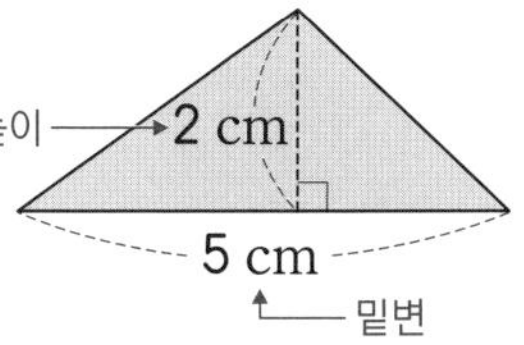

높이
2 cm
5 cm
밑변


5 × [2] ÷ 2 = □ (cm²)

↑ 밑변 ↑ 높이

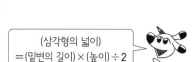

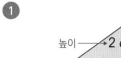

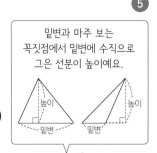

밑변과 마주 보는
꼭짓점에서 밑변에 수직으로
그은 선분이 높이예요.

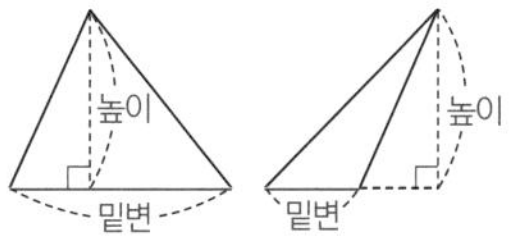

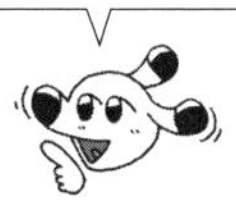

높이
밑변
높이
밑변


❷

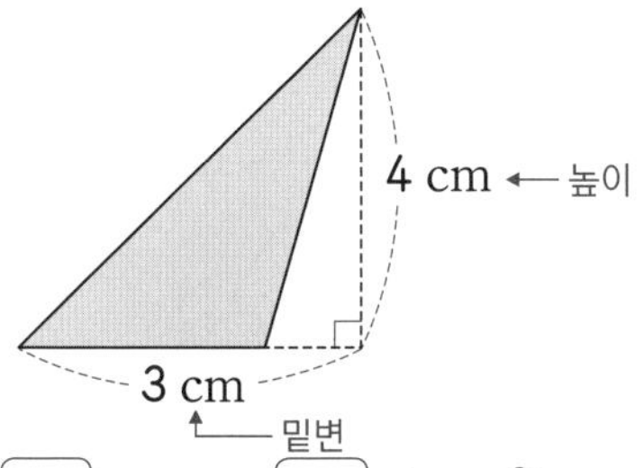

4 cm
높이
3 cm
밑변


3 × □ ÷ 2 = □ (cm²)

❸

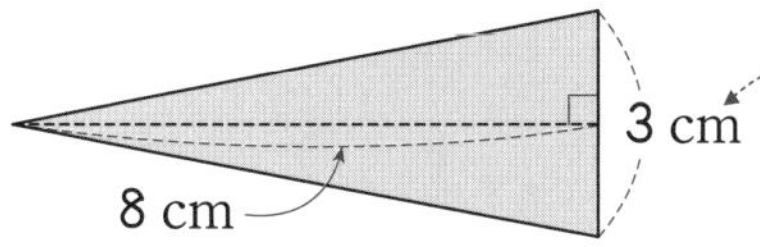

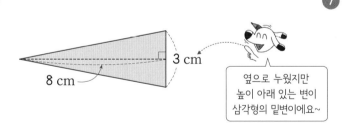

3 cm
8 cm


옆으로 누웠지만
높이 아래 있는 변이
삼각형의 밑변이에요~

□ × 8 ÷ 2 = □ (cm²)

❹

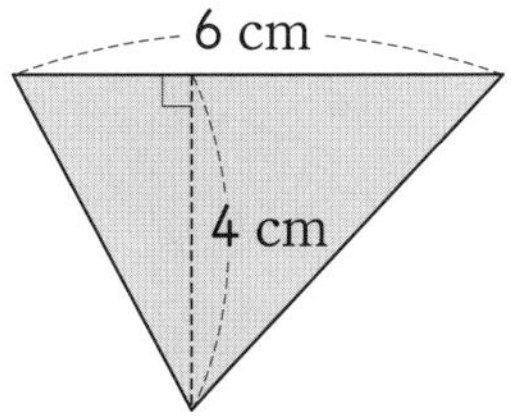

6 cm
4 cm


□ × □ ÷ 2 = □ (cm²)

❺

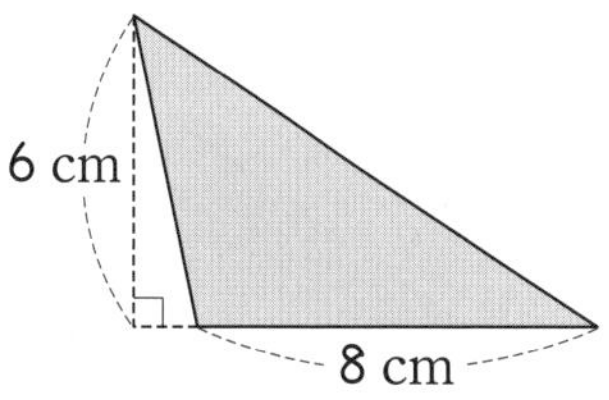

6 cm
8 cm


□ × □ ÷ 2 = □ (cm²)

❻

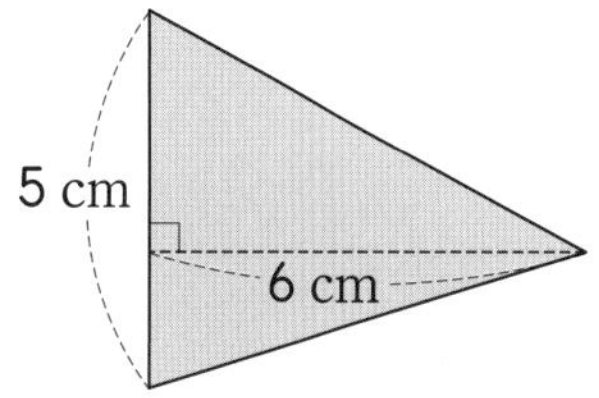

5 cm
6 cm


□ × □ ÷ 2 = □ (cm²)

❼

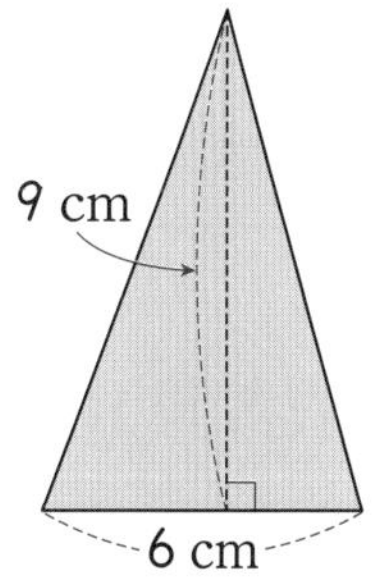

9 cm
6 cm


□ × □ ÷ 2 = □ (cm²)

❽

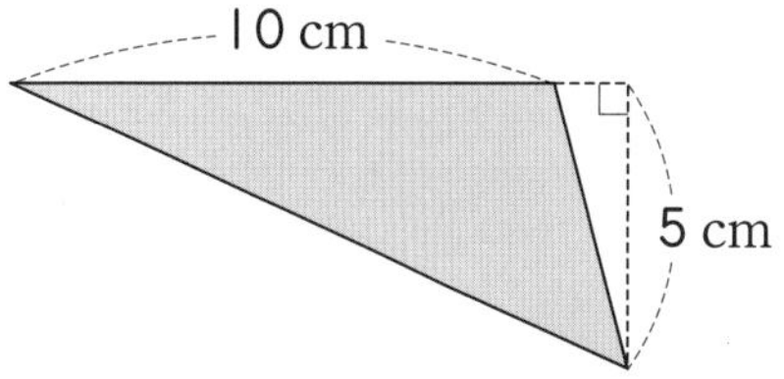

10 cm
5 cm


□ × □ ÷ 2 = □ (cm²)

❀ 삼각형의 넓이를 구하세요.

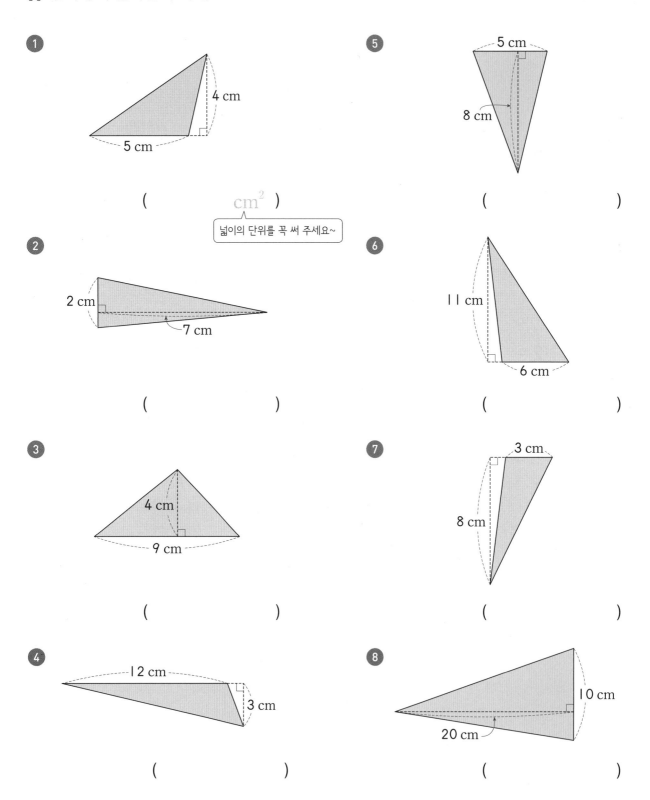

① 4 cm, 5 cm

( cm² )

넓이의 단위를 꼭 써 주세요~

② 2 cm, 7 cm

(                    )

③ 4 cm, 9 cm

(                    )

④ 12 cm, 3 cm

(                    )

⑤ 5 cm, 8 cm

(                    )

⑥ 11 cm, 6 cm

(                    )

⑦ 3 cm, 8 cm

(                    )

⑧ 10 cm, 20 cm

(                    )

128

 마름모의 넓이를 구하세요.

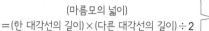
(마름모의 넓이)
=(한 대각선의 길이)×(다른 대각선의 길이)÷2

**1**

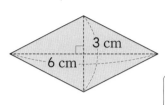
3 cm
6 cm

두 대각선의 길이를 곱한
다음 2로 나눈 것과 같아요.

한 대각선의 길이

$6 \times \boxed{\phantom{0}} \div 2 = \boxed{\phantom{0}}$ (cm²)

다른 대각선의 길이

**2**

5 cm

4 cm

$4 \times \boxed{\phantom{0}} \div 2 = \boxed{\phantom{0}}$ (cm²)

**3**

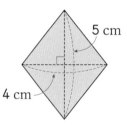
4 cm
7 cm

$\boxed{\phantom{0}} \times 4 \div 2 = \boxed{\phantom{0}}$ (cm²)

**4**

6 cm
8 cm

$\boxed{\phantom{0}} \times \boxed{\phantom{0}} \div 2 = \boxed{\phantom{0}}$ (cm²)

**5**

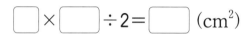
12 cm
5 cm

$\boxed{\phantom{0}} \times \boxed{\phantom{0}} \div 2 = \boxed{\phantom{0}}$ (cm²)

**6**

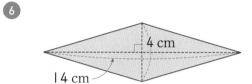
4 cm
14 cm

$\boxed{\phantom{0}} \times \boxed{\phantom{0}} \div 2 = \boxed{\phantom{0}}$ (cm²)

**7**

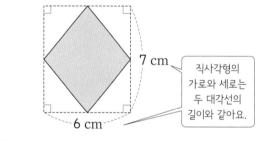
7 cm
6 cm

직사각형의
가로와 세로는
두 대각선의
길이와 같아요.

$\boxed{\phantom{0}} \times \boxed{\phantom{0}} \div 2 = \boxed{\phantom{0}}$ (cm²)

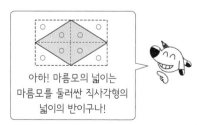
아하! 마름모의 넓이는
마름모를 둘러싼 직사각형의
넓이의 반이구나!

## 마름모의 넓이를 구하세요.

잠깐! 두 대각선의 길이는
8 cm, 4 cm예요.

**1**

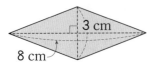

3 cm

8 cm

( cm² )

넓이의 단위를 꼭 써 주세요~

**5**

2 cm

4 cm

(               )

**2**

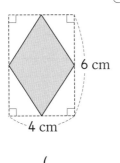

6 cm

4 cm

(               )

**6**

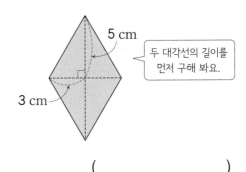

5 cm

두 대각선의 길이를
먼저 구해 봐요.

3 cm

(               )

**3**

11 cm

6 cm

(               )

**7**

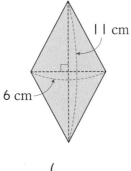

4 cm

7 cm

(               )

**4**

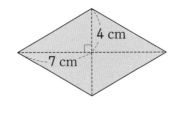

5 cm

20 cm

(               )

**8**

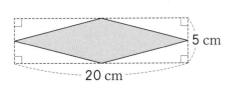

8 cm

5 cm

(               )

## 57 사다리꼴의 넓이는 두 변과 높이를 먼저 찾자

❋ 사다리꼴의 넓이를 구하세요.

(사다리꼴의 넓이)
=((윗변의 길이)+(아랫변의 길이))×(높이)÷2

**1**

윗변의 길이
2 cm

3 cm ← 높이

4 cm

아랫변의 길이

$(2+4)×\boxed{3}÷2=\boxed{\phantom{0}}$ (cm²)

↑윗변  ↑밑변  ↑높이

**5**

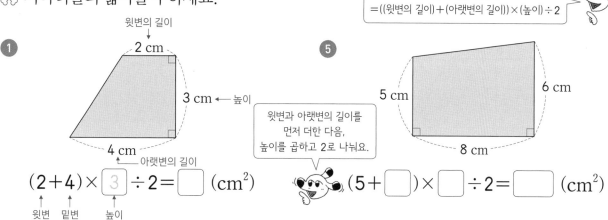

5 cm   6 cm

8 cm

윗변과 아랫변의 길이를
먼저 더한 다음,
높이를 곱하고 2로 나눠요.

$(5+\boxed{\phantom{0}})×\boxed{\phantom{0}}÷2=\boxed{\phantom{0}}$ (cm²)

**2**

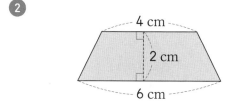

4 cm

2 cm

6 cm

$(4+6)×\boxed{\phantom{0}}÷2=\boxed{\phantom{0}}$ (cm²)

**6**

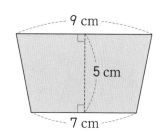

9 cm

5 cm

7 cm

$(9+\boxed{\phantom{0}})×\boxed{\phantom{0}}÷2=\boxed{\phantom{0}}$ (cm²)

**3**

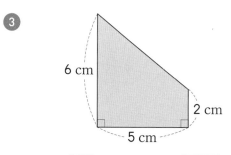

6 cm

2 cm

5 cm

$(6+\boxed{\phantom{0}})×5÷2=\boxed{\phantom{0}}$ (cm²)

**7**

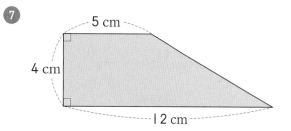

5 cm

4 cm

12 cm

$(5+\boxed{\phantom{0}})×\boxed{\phantom{0}}÷2=\boxed{\phantom{0}}$ (cm²)

**4**

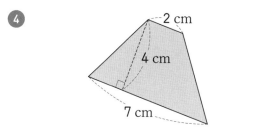

2 cm

4 cm

7 cm

$(2+\boxed{\phantom{0}})×\boxed{\phantom{0}}÷2=\boxed{\phantom{0}}$ (cm²)

**8**

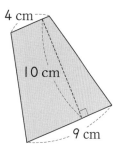

4 cm

10 cm

9 cm

$(4+\boxed{\phantom{0}})×\boxed{\phantom{0}}÷2=\boxed{\phantom{0}}$ (cm²)

## 사다리꼴의 넓이를 구하세요.

**1**

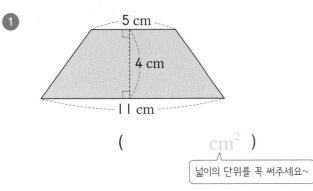

( $cm^2$ )

넓이의 단위를 꼭 써주세요~

**5**

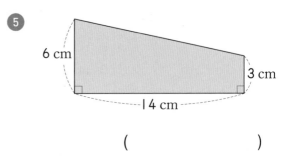

(                    )

**2**

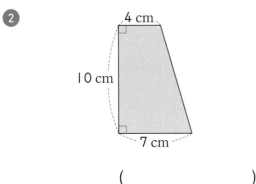

(                    )

**6**

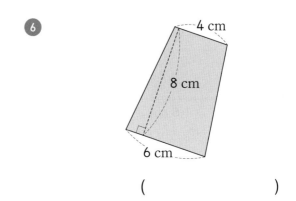

(                    )

**3**

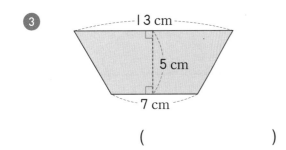

(                    )

**7**

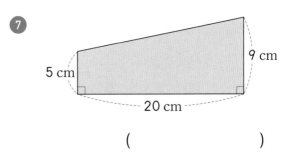

(                    )

**4**

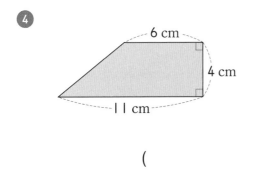

(                    )

**8**

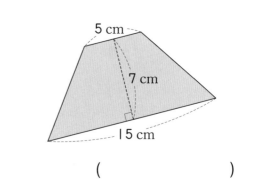

(                    )

✿ 그림을 보고 ☐ 안에 알맞은 수를 써넣으세요.

①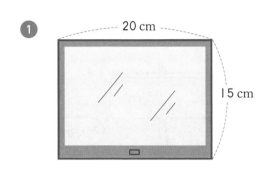

가로가 20 cm, 세로가 15 cm인 직사각형 모양의

태블릿이 있습니다. 이 태블릿의 둘레는

☐ cm입니다.

②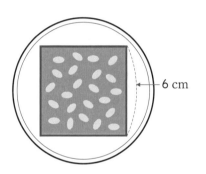

방금 쪄낸 따끈따끈한 시루떡을 한 변의 길이가

6 cm인 정사각형 모양으로 잘라 접시에 담았습니다.

자른 시루떡의 넓이는 ☐ cm²입니다.

③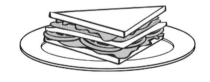

삼각형 모양의 샌드위치를 만들려고 합니다.

식빵을 밑변의 길이가 12 cm, 높이가 5 cm인

삼각형 모양으로 잘랐습니다.

자른 식빵의 넓이는 ☐ cm²입니다.

④

학교 동요 대회가 열린 무대는 윗변의 길이가 8 m,

아랫변의 길이가 14 m, 높이가 10 m인 사다리꼴

모양입니다. 이 무대의 넓이는 ☐ cm²입니다.

동물들이 주말농장에서 밭을 가꾸고 있습니다. 각 밭의 넓이를 빈칸에 써넣고, 가장 큰 밭을 가꾸는 동물에 ○표 하세요.

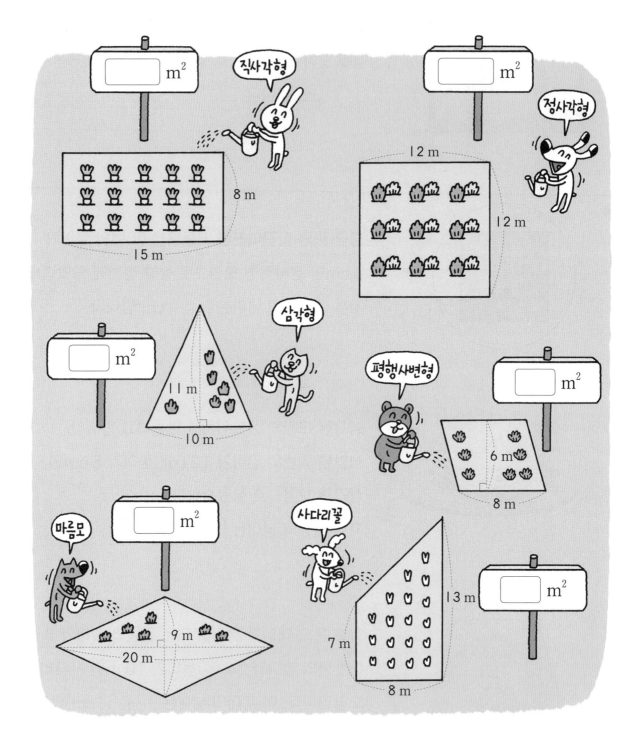

바쁜
5학년을
위한

# 빠른
# 교과서
# 연산

 **5-1** 정답

스마트폰으로도 정답을 확인할 수 있어요!

맨날
노는데
수학 잘하는 너!
도대체 비결이
뭐야?

① 정답을 확인한 후 틀린 문제는 ☆표를 쳐 놓으세요~

② 그런 다음 연습장에 틀린 문제를 옮겨 적으세요.

③ 그리고 그 문제들만 한 번 더 풀어 보세요.

시간은 얼마 걸리지 않아요. 그러나 이때 실력이 확 붙는 거예요.

아는 문제를 여러 번 다시 푸는 건 시간 낭비예요.

틀린 문제만 모아서 풀면 아무리 바쁘더라도

이번 학기 수학은 걱정 없어요!

비결은
간단해!

## 첫째 마당 · 자연수의 혼합 계산

### 01단계 ▶▶ 11쪽

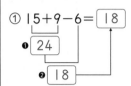

③ 36  ④ 42  ⑤ 29  ⑥ 33  ⑦ 29

⑧ 43  ⑨ 37  ⑩ 29  ⑪ 62  ⑫ 61

### 01단계 ▶▶ 12쪽

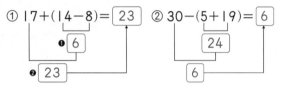

③ 40  ④ 9  ⑤ 51  ⑥ 6  ⑦ 42

⑧ 27  ⑨ 51  ⑩ 29  ⑪ 66  ⑫ 28

### 02단계 ▶▶ 13쪽

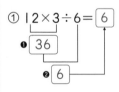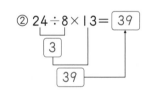

③ 20  ④ 56  ⑤ 36  ⑥ 70  ⑦ 21

⑧ 96  ⑨ 11  ⑩ 56

### 02단계 ▶▶ 14쪽

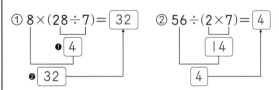

③ 45  ④ 3  ⑤ 63  ⑥ 4  ⑦ 56

⑧ 4  ⑨ 45  ⑩ 3  ⑪ 52  ⑫ 6

### 03단계 ▶▶ 15쪽

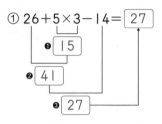

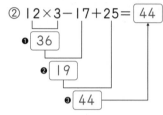

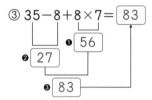

④ 37  ⑤ 30  ⑥ 55  ⑦ 37  ⑧ 45

⑨ 61

### 03단계 ▶▶ 16쪽

① 48  ② 27  ③ 34  ④ 23  ⑤ 65

⑥ 24  ⑦ 51  ⑧ 49  ⑨ 48  ⑩ 65

### 04단계 ▶▶ 17쪽

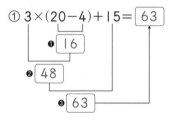

② $(16+9)\times2-23=\boxed{27}$

❶ $\boxed{25}$
❷ $\boxed{50}$
❸ $\boxed{27}$

③ $23+4\times(12-5)=\boxed{51}$

❶ $\boxed{7}$
❷ $\boxed{28}$
❸ $\boxed{51}$

④ 60　⑤ 71　⑥ 25　⑦ 41　⑧ 90
⑨ 7　⑩ 16

04단계 ▶▶ 18쪽

① 11　② 24　③ 24　④ 70　⑤ 18
⑥ 63　⑦ 8　⑧ 71　⑨ 60　⑩ 38

05단계 ▶▶ 19쪽

① $25+30\div5-8=\boxed{23}$

❶ $\boxed{6}$
❷ $\boxed{31}$
❸ $\boxed{23}$

② $64\div2-16+7=\boxed{23}$

❶ $\boxed{32}$
❷ $\boxed{16}$
❸ $\boxed{23}$

③ $51-12+36\div4=\boxed{48}$

❶ $\boxed{9}$
❷ $\boxed{39}$
❸ $\boxed{48}$

④ 40　⑤ 36　⑥ 34　⑦ 20　⑧ 38
⑨ 28

05단계 ▶▶ 20쪽

① 16　② 24　③ 43　④ 41　⑤ 49
⑥ 34　⑦ 46　⑧ 34　⑨ 59　⑩ 68

06단계 ▶▶ 21쪽

① $18+40\div(17-9)=\boxed{23}$

❶ $\boxed{8}$
❷ $\boxed{5}$
❸ $\boxed{23}$

② $23-(19+13)\div4=\boxed{15}$

❶ $\boxed{32}$
❷ $\boxed{8}$
❸ $\boxed{15}$

③ $54\div(30-24)+25=\boxed{34}$

❶ $\boxed{6}$
❷ $\boxed{9}$
❸ $\boxed{34}$

④ 27　⑤ 41　⑥ 7　⑦ 22　⑧ 16
⑨ 54　⑩ 57

06단계 ▶▶ 22쪽

① 22　② 0　③ 7　④ 41　⑤ 42
⑥ 5　⑦ 9　⑧ 8　⑨ 60　⑩ 85

**07단계 ▶▶ 23쪽**

① $25+4×7-20÷4=$ 48
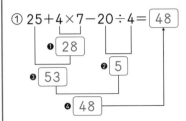

② $40-39÷3×2+8=$ 22
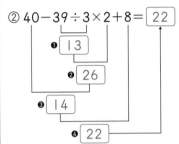

③ $30÷5+9×4-29=$ 13
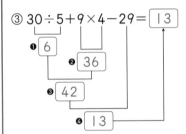

④ 48    ⑤ 65    ⑥ 14    ⑦ 40    ⑧ 14

**07단계 ▶▶ 24쪽**

① 34    ② 12    ③ 41    ④ 19    ⑤ 24
⑥ 29    ⑦ 46    ⑧ 64    ⑨ 46    ⑩ 53

**08단계 ▶▶ 25쪽**

① $30-8×(15÷5)+7=$ 13
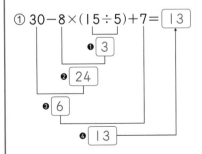

② $56÷(13-6)+6×8=$ 56
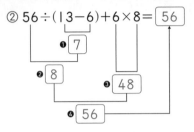

③ $21-(15+25)×2÷16=$ 16
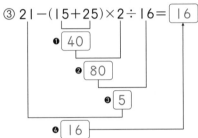

④ 57    ⑤ 31    ⑥ 40    ⑦ 12    ⑧ 80

**08단계 ▶▶ 26쪽**

① 61    ② 21    ③ 7    ④ 34    ⑤ 32
⑥ 23    ⑦ 60    ⑧ 68    ⑨ 80    ⑩ 70

**09단계 ▶▶ 27쪽**

① 9    ② 18    ③ 18    ④ 77    ⑤ 63
⑥ 2    ⑦ 43    ⑧ 24    ⑨ 37    ⑩ 14

**09단계 ▶▶ 28쪽**

① 23, >, 7    ② 80, >, 5    ③ 40, <, 49
④ 51, >, 3    ⑤ 66, >, 12    ⑥ 14, >, 9

**10단계 ▶▶ 29쪽**

① 16, 15, 7, 24 / 24    ② 24, 9, 6, 9 / 9
③ 12, 2, 3, 8 / 8    ④ 30, 6, 8, 2, 2 / 2

10단계 ▶▶ 30쪽

① 10    ② 6    ③ 4    ④ 2    ⑤ ÷

**둘째 마당 · 약수와 배수**

11단계 ▶▶ 33쪽

① 2, 4 / 1, 2, 4

② 4, 8 / 1, 2, 4, 8

③ 2, 7, 14 / 1, 2, 7, 14

④ 3, 7, 21 / 1, 3, 7, 21

⑤ 4, 8, 16 / 1, 2, 4, 8, 16

⑥ 4, 8, 16, 32 / 1, 2, 4, 8, 16, 32

11단계 ▶▶ 34쪽

① 5, 10 / 1, 2, 5, 10

② 3, 4, 6, 12 / 1, 2, 3, 4, 6, 12

③ 3, 6, 9, 18 / 1, 2, 3, 6, 9, 18

④ 4, 6, 8, 12, 24 / 1, 2, 3, 4, 6, 8, 12, 24

⑤ 5, 6, 10, 15, 30 / 1, 2, 3, 5, 6, 10, 15, 30

12단계 ▶▶ 35쪽

① 1, 3, 9          ② 1, 3, 5, 15

③ 1, 2, 4, 7, 14, 28    ④ 1, 3, 13, 39

⑤ 1, 3, 5, 9, 15, 45   ⑥ 1, 2, 5, 10, 25, 50

⑦ 1, 2, 4, 11, 22, 44   ⑧ 1, 3, 9, 27, 81

⑨ 1, 2, 3, 6, 7, 14, 21, 42

⑩ 1, 2, 4, 7, 8, 14, 28, 56

12단계 ▶▶ 36쪽

① 1, 2, 4, 5, 10, 20      ② 1, 5, 7, 35

③ 1, 2, 11, 22          ④ 1, 3, 7, 9, 21, 63

⑤ 1, 2, 4, 13, 26, 52    ⑥ 1, 7, 49

⑦ 1, 2, 3, 4, 6, 9, 12, 18, 36

⑧ 1, 2, 4, 5, 8, 10, 20, 40

⑨ 1, 2, 3, 4, 6, 8, 12, 16, 24, 48

⑩ 1, 2, 4, 8, 16, 32, 64

13단계 ▶▶ 37쪽

① 2, 4, 6, 8          ② 5, 10, 15, 20

③ 6, 12, 18, 24       ④ 8, 16, 24, 32

⑤ 9, 18, 27, 36       ⑥ 11, 22, 33, 44

⑦ 13, 26, 39, 52      ⑧ 14, 28, 42, 56

⑨ 25, 50, 75, 100     ⑩ 30, 60, 90, 120

⑪ 32, 64, 96, 128

13단계 ▶▶ 38쪽

① 3, 6, 9, 12, 15        ② 4, 8, 12, 16, 20

③ 7, 14, 21, 28, 35      ④ 12, 24, 36, 48, 60

⑤ 15, 30, 45, 60, 75     ⑥ 16, 32, 48, 64, 80

⑦ 20, 40, 60, 80, 100    ⑧ 24, 48, 72, 96, 120

⑨ 27, 54, 81, 108, 135

⑩ 35, 70, 105, 140, 175

14단계 ▶▶ 39쪽

① ◯    ② ✕    ③ ◯    ④ ◯    ⑤ ✕

⑥ ◯    ⑦ ✕    ⑧ ◯    ⑨ ✕    ⑩ ◯

⑪ ◯    ⑫ ✕

14단계 ▶▶ 40쪽

① 4, 12에 ○표          ② 9, 21에 ○표

③ 20, 30에 ○표         ④ 6, 24에 ○표

⑤ 6, 18에 ○표          ⑥ 4, 64, 100에 ○표

⑦ 27, 63에 ○표         ⑧ 6, 8, 48에 ○표

⑨ 4, 96에 ○표

15단계 ▶▶ 41쪽

① 1, 2, 4 / 1, 2, 3, 6 / 1, 2

② 1, 2, 4, 8 / 1, 2, 3, 4, 6, 12 / 1, 2, 4

③ 1, 2, 5, 10 / 1, 3, 5, 15 / 1, 5

④ 1, 2, 4, 8, 16 / 1, 2, 3, 4, 6, 8, 12, 24 /
1, 2, 4, 8

⑤ 1, 3, 9, 27 / 1, 3, 5, 9, 15, 45 / 1, 3, 9

⑥ 1, 2, 4, 5, 8, 10, 20, 40 / 1, 2, 5, 10, 25, 50 /
1, 2, 5, 10

15단계 ▶▶ 42쪽

① 1, 3 / 3          ② 1, 2, 4 / 4

③ 1, 2, 4, 8 / 8    ④ 1, 2, 4 / 4

⑤ 1, 3, 9 / 9      ⑥ 1, 2, 4, 8, 16 / 16

⑦ 1, 3, 5, 15 / 15

16단계 ▶▶ 43쪽

① 2, 4       ② 3, 9       ③ 2, 5, 10

④ 2, 7, 14   ⑤ 2, 13, 26  ⑥ 2, 2, 2, 8

⑦ 2, 2, 3, 12

16단계 ▶▶ 44쪽

① 5, 3 / 4   ② 3, 3 / 6   ③ 3, 3 / 9

④ 5, 2 / 10  ⑤ 7, 7 / 14  ⑥ 3, 5 / 15

⑦ 7, 2, 7 / 28     ⑧ 11, 3, 11 / 22

17단계 ▶▶ 45쪽

① 2          ② 3          ③ 2, 4

④ 3, 6       ⑤ 3, 9       ⑥ 5, 10

⑦ 2, 7, 14   ⑧ 2, 3, 6

17단계 ▶▶ 46쪽

① 6    ② 6    ③ 15   ④ 8    ⑤ 6

⑥ 8    ⑦ 15   ⑧ 14

18단계 ▶▶ 47쪽

① 4    ② 18   ③ 15   ④ 13   ⑤ 12

⑥ 7    ⑦ 26

18단계 ▶▶ 48쪽

① 12   ② 16   ③ 8    ④ 30   ⑤ 13

⑥ 28

19단계 ▶▶ 49쪽

① 2, 4, 6, 8, 10, 12 / 3, 6, 9, 12, 15, 18 / 6, 12

② 4, 8, 12, 16, 20, 24 / 5, 10, 15, 20, 25, 30 /
20

③ 6, 12, 18, 24, 30, 36 / 10, 20, 30, 40, 50, 60
/ 30

④ 7, 14, 21, 28, 35, 42 / 14, 28, 42, 56, 70, 84
/ 14, 28, 42

⑤ 8, 16, 24, 32, 40, 48 / 12, 24, 36, 48, 60, 72
/ 24, 48

⑥ 9, 18, 27, 36, 45, 54 / 15, 30, 45, 60, 75, 90
/ 45

## 19단계 ▶ 50쪽

① 12, 24 / 12      ② 6, 12 / 6

③ 24, 48 / 24      ④ 20, 40 / 20

⑤ 60, 120 / 60      ⑥ 60, 120 / 60

⑦ 36, 72 / 36      ⑧ 42, 84 / 42

⑨ 54, 108 / 54

## 20단계 ▶ 51쪽

① 12    ② 2, 40    ③ 3, 2, 60

④ 11, 3, 66    ⑤ 2, 2, 84    ⑥ 2, 3, 36

⑦ 3, 2, 3, 54    ⑧ 2, 5, 2, 40

## 20단계 ▶ 52쪽

① 3, 5 / 60    ② 3, 7 / 126    ③ 3, 2 / 60

④ 2, 2 / 56    ⑤ 3, 13 / 78    ⑥ 7, 3 / 210

⑦ 5, 3, 5 / 60    ⑧ 2, 2, 3 / 48

## 21단계 ▶ 53쪽

① 3, 18      ② 2, 7, 70

③ 2, 4, 5, 80      ④ 3, 2, 3, 36

⑤ 7, 1, 5, 70      ⑥ 5, 2, 3, 90

⑦ 5, 5, 3, 1, 75      ⑧ 2, 7, 2, 3, 84

## 21단계 ▶ 54쪽

① 70    ② 66    ③ 90    ④ 140

⑤ 108    ⑥ 84    ⑦ 180    ⑧ 96

## 22단계 ▶ 55쪽

① 63    ② 72    ③ 180    ④ 84

⑤ 350    ⑥ 126    ⑦ 195    ⑧ 156

## 22단계 ▶ 56쪽

① 280    ② 108    ③ 216    ④ 88

⑤ 480    ⑥ 168

## 23단계 ▶ 57쪽

① 2, 4, 8    ② 6    ③ 8    ④ 12

## 23단계 ▶ 58쪽

6 1 3 9 8 3 6

## 셋째 마당 · 약분과 통분

## 24단계 ▶ 61쪽

① 2, 3, 4, 5      ② 6, 9, 12, 15

③ 12, 18, 24, 30      ④ 8, 12, 16, 20

⑤ 16, 24, 32, 40      ⑥ 18, 27, 36, 45

## 24단계 ▶ 62쪽

① 4, 6, 8      ② 2, 3, $\frac{4}{16}$

③ $\frac{6}{10}$, $\frac{9}{15}$, $\frac{12}{20}$      ④ $\frac{12}{14}$, $\frac{18}{21}$, $\frac{24}{28}$

⑤ $\frac{10}{16}$, $\frac{15}{24}$, $\frac{20}{32}$      ⑥ $\frac{8}{18}$, $\frac{12}{27}$, $\frac{16}{36}$

⑦ $\frac{14}{20}$, $\frac{21}{30}$, $\frac{28}{40}$      ⑧ $\frac{12}{22}$, $\frac{18}{33}$, $\frac{24}{44}$

⑨ $\frac{10}{24}$, $\frac{15}{36}$, $\frac{20}{48}$      ⑩ $\frac{8}{26}$, $\frac{12}{39}$, $\frac{16}{52}$

⑪ $\dfrac{18}{28}$, $\dfrac{27}{42}$, $\dfrac{36}{56}$  ⑫ $\dfrac{14}{30}$, $\dfrac{21}{45}$, $\dfrac{28}{60}$

⑪ $\dfrac{27}{36}$, $\dfrac{18}{24}$, $\dfrac{9}{12}$, $\dfrac{6}{8}$, $\dfrac{3}{4}$

### 25단계 ▶▶63쪽

① 6, 3  ② 9, 6, 3  ③ 18, 9

④ 5, 3, 1  ⑤ 21, 14, 7  ⑥ 8, 4, 2, 1

### 25단계 ▶▶64쪽

① 2, 1  ② 6, $\dfrac{4}{6}$  ③ $\dfrac{4}{10}$, $\dfrac{2}{5}$

④ $\dfrac{3}{9}$, $\dfrac{1}{3}$  ⑤ $\dfrac{6}{15}$, $\dfrac{4}{10}$  ⑥ $\dfrac{8}{16}$, $\dfrac{4}{8}$

⑦ $\dfrac{3}{18}$, $\dfrac{2}{12}$  ⑧ $\dfrac{8}{20}$, $\dfrac{4}{10}$  ⑨ $\dfrac{16}{24}$, $\dfrac{8}{12}$

⑩ $\dfrac{12}{27}$, $\dfrac{8}{18}$  ⑪ $\dfrac{15}{20}$, $\dfrac{9}{12}$  ⑫ $\dfrac{7}{35}$, $\dfrac{2}{10}$

### 26단계 ▶▶65쪽

① 2, 1  ② 3, 1  ③ 3, 2, 1

④ 4, 2, 1  ⑤ 8, 4, 2  ⑥ 7, 2, 1

⑦ 14, 7  ⑧ 27, 18, 9  ⑨ 15, 6, 3

⑩ 21, 9, 3  ⑪ 28, 14, 7  ⑫ 25, 15, 5

### 26단계 ▶▶66쪽

① 6, 3  ② 8, $\dfrac{4}{5}$

③ $\dfrac{2}{12}$, $\dfrac{1}{6}$  ④ $\dfrac{6}{15}$, $\dfrac{4}{10}$, $\dfrac{2}{5}$

⑤ $\dfrac{9}{12}$, $\dfrac{3}{4}$  ⑥ $\dfrac{12}{15}$, $\dfrac{4}{5}$

⑦ $\dfrac{20}{25}$, $\dfrac{8}{10}$, $\dfrac{4}{5}$  ⑧ $\dfrac{14}{35}$, $\dfrac{4}{10}$, $\dfrac{2}{5}$

⑨ $\dfrac{35}{50}$, $\dfrac{14}{20}$, $\dfrac{7}{10}$  ⑩ $\dfrac{16}{24}$, $\dfrac{8}{12}$, $\dfrac{4}{6}$, $\dfrac{2}{3}$

### 27단계 ▶▶67쪽

① 1  ② $\dfrac{3}{5}$  ③ $\dfrac{3}{4}$  ④ $\dfrac{4}{7}$

⑤ $\dfrac{4}{5}$  ⑥ $\dfrac{1}{2}$  ⑦ $\dfrac{1}{2}$  ⑧ $\dfrac{2}{7}$

⑨ $\dfrac{1}{3}$  ⑩ $\dfrac{4}{5}$  ⑪ $\dfrac{1}{4}$

### 27단계 ▶▶68쪽

① $\dfrac{2}{7}$  ② $\dfrac{5}{8}$  ③ $\dfrac{1}{2}$  ④ $\dfrac{2}{5}$

⑤ $\dfrac{2}{7}$  ⑥ $\dfrac{1}{2}$  ⑦ $\dfrac{2}{9}$  ⑧ $\dfrac{3}{7}$

⑨ $\dfrac{1}{5}$  ⑩ $\dfrac{1}{3}$  ⑪ $\dfrac{4}{7}$  ⑫ $\dfrac{3}{5}$

### 28단계 ▶▶69쪽

① 3, 4  ② 12, 5  ③ $\dfrac{24}{32}$, $\dfrac{20}{32}$

④ $\dfrac{14}{21}$, $\dfrac{6}{21}$  ⑤ $\dfrac{9}{54}$, $\dfrac{30}{54}$  ⑥ $\dfrac{40}{55}$, $\dfrac{44}{55}$

⑦ $\dfrac{27}{72}$, $\dfrac{56}{72}$  ⑧ $\dfrac{50}{60}$, $\dfrac{18}{60}$  ⑨ $1\dfrac{12}{18}$, $\dfrac{15}{18}$

⑩ $\dfrac{20}{48}$, $2\dfrac{12}{48}$  ⑪ $3\dfrac{20}{65}$, $3\dfrac{26}{65}$

### 28단계 ▶▶70쪽

① $\dfrac{5}{10}$, $\dfrac{6}{10}$  ② $\dfrac{8}{12}$, $\dfrac{3}{12}$  ③ $\dfrac{7}{42}$, $\dfrac{12}{42}$

④ $\dfrac{12}{32}$, $\dfrac{24}{32}$  ⑤ $\dfrac{18}{45}$, $\dfrac{20}{45}$  ⑥ $\dfrac{6}{24}$, $\dfrac{20}{24}$

⑦ $\dfrac{15}{50}$, $\dfrac{20}{50}$  ⑧ $\dfrac{13}{26}$, $\dfrac{20}{26}$  ⑨ $2\dfrac{40}{48}$, $\dfrac{42}{48}$

⑩ $\frac{44}{99}$, $3\frac{72}{99}$　⑪ $2\frac{36}{56}$, $\frac{42}{56}$　⑫ $\frac{36}{51}$, $3\frac{34}{51}$

⑪ >

### 29단계 ▶▶ 71쪽

① 3, 2　② $\frac{5}{15}$, $\frac{2}{15}$　③ $\frac{15}{18}$, $\frac{8}{18}$

④ $\frac{3}{16}$, $\frac{6}{16}$　⑤ $\frac{15}{20}$, $\frac{18}{20}$　⑥ $\frac{21}{24}$, $\frac{10}{24}$

⑦ $\frac{21}{28}$, $\frac{18}{28}$　⑧ $1\frac{15}{40}$, $\frac{28}{40}$　⑨ $\frac{15}{36}$, $3\frac{8}{36}$

⑩ $1\frac{3}{42}$, $1\frac{35}{42}$　⑪ $2\frac{25}{45}$, $1\frac{12}{45}$

### 31단계 ▶▶ 75쪽

①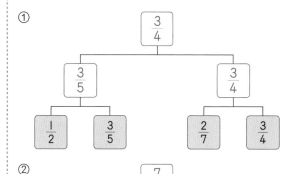

②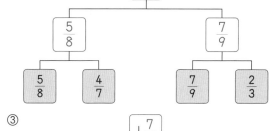

### 29단계 ▶▶ 72쪽

① $\frac{4}{24}$, $\frac{15}{24}$　② $\frac{9}{30}$, $\frac{25}{30}$　③ $\frac{8}{36}$, $\frac{15}{36}$

④ $\frac{16}{30}$, $\frac{27}{30}$　⑤ $\frac{7}{56}$, $\frac{20}{56}$　⑥ $\frac{18}{60}$, $\frac{25}{60}$

⑦ $\frac{27}{36}$, $\frac{22}{36}$　⑧ $\frac{27}{60}$, $\frac{28}{60}$　⑨ $\frac{12}{26}$, $1\frac{9}{26}$

⑩ $3\frac{44}{66}$, $\frac{21}{66}$　⑪ $2\frac{20}{48}$, $4\frac{15}{48}$　⑫ $3\frac{27}{42}$, $3\frac{16}{42}$

③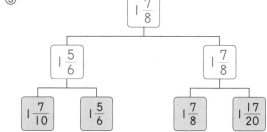

### 30단계 ▶▶ 73쪽

① >　② $\frac{14}{21}$, $\frac{15}{21}$, <

③ $\frac{9}{12}$, $\frac{10}{12}$, <　④ $\frac{15}{18}$, $\frac{14}{18}$, >

⑤ $\frac{28}{40}$, $\frac{25}{40}$, >　⑥ $\frac{9}{24}$, $\frac{10}{24}$, <

⑦ $\frac{44}{60}$, $\frac{39}{60}$, >

### 31단계 ▶▶ 76쪽

①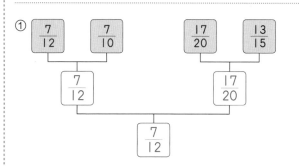

### 30단계 ▶▶ 74쪽

① <　② <　③ >　④ <　⑤ >

⑥ >　⑦ <　⑧ <　⑨ >　⑩ >

②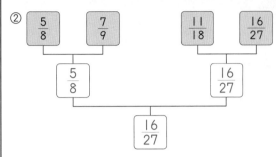

③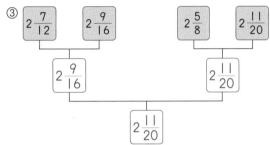

### 32단계 ▶ 77쪽

① $\dfrac{8}{12}$, $\dfrac{9}{12}$, $<$ / $\dfrac{21}{28}$, $\dfrac{20}{28}$, $>$ / $\dfrac{14}{21}$, $\dfrac{15}{21}$, $<$ / $\dfrac{3}{4}$, $\dfrac{5}{7}$, $\dfrac{2}{3}$

② $\dfrac{15}{36}$, $\dfrac{16}{36}$, $<$ / $\dfrac{8}{18}$, $\dfrac{7}{18}$, $>$ / $\dfrac{15}{36}$, $\dfrac{14}{36}$, $>$ / $\dfrac{4}{9}$, $\dfrac{5}{12}$, $\dfrac{7}{18}$

### 32단계 ▶ 78쪽

① $<$, $>$, $<$ / $\dfrac{3}{10}$, $\dfrac{4}{15}$, $\dfrac{1}{5}$

② $>$, $<$, $>$ / $\dfrac{5}{7}$, $\dfrac{47}{70}$, $\dfrac{3}{5}$

③ $\dfrac{7}{10}$, $\dfrac{13}{20}$, $\dfrac{5}{8}$    ④ $\dfrac{3}{5}$, $\dfrac{5}{9}$, $\dfrac{7}{15}$

⑤ $\dfrac{11}{16}$, $\dfrac{7}{12}$, $\dfrac{13}{24}$

### 33단계 ▶ 79쪽

① $>$    ② $<$    ③ $<$    ④ $<$    ⑤ $>$
⑥ $<$    ⑦ $>$    ⑧ $<$    ⑨ $>$    ⑩ $<$
⑪ $<$

### 33단계 ▶ 80쪽

① $<$    ② $>$    ③ $<$    ④ $<$    ⑤ $<$
⑥ $>$    ⑦ $>$    ⑧ $<$    ⑨ $=$    ⑩ $>$
⑪ $>$

### 34단계 ▶ 81쪽

① 2    ② $\dfrac{5}{6}$    ③ 서준    ④ 콜라

### 34단계 ▶ 82쪽

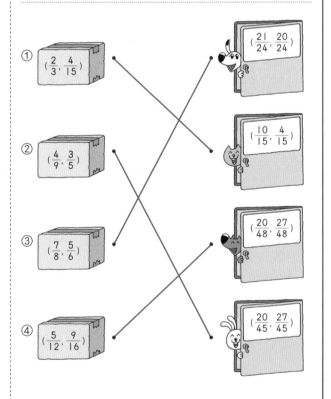

## 넷째 마당 · 분수의 덧셈과 뺄셈

### 35단계 ▶▶ 85쪽

① 5, 2, 7  ② 6, 7  ③ $\dfrac{9}{10}$

④ $\dfrac{5}{24}$  ⑤ $\dfrac{5}{6}$  ⑥ $\dfrac{13}{24}$

⑦ $\dfrac{19}{42}$  ⑧ $\dfrac{50}{63}$  ⑨ $\dfrac{17}{24}$

⑩ $\dfrac{27}{40}$  ⑪ $\dfrac{23}{36}$  ⑫ $\dfrac{23}{45}$

### 35단계 ▶▶ 86쪽

① $\dfrac{17}{18}$  ② $\dfrac{11}{15}$  ③ $\dfrac{34}{63}$  ④ $\dfrac{11}{12}$

⑤ $\dfrac{31}{35}$  ⑥ $\dfrac{5}{6}$  ⑦ $\dfrac{29}{30}$  ⑧ $\dfrac{7}{12}$

⑨ $\dfrac{11}{42}$  ⑩ $\dfrac{17}{40}$  ⑪ $\dfrac{43}{60}$  ⑫ $\dfrac{31}{48}$

### 36단계 ▶▶ 87쪽

① 3, 4, 7, $1\dfrac{1}{6}$  ② $1\dfrac{7}{12}$  ③ $1\dfrac{1}{9}$

④ $1\dfrac{9}{40}$  ⑤ $1\dfrac{1}{21}$  ⑥ $1\dfrac{9}{40}$

⑦ $1\dfrac{3}{20}$  ⑧ $1\dfrac{13}{36}$  ⑨ $1\dfrac{1}{3}$

⑩ $1\dfrac{1}{36}$  ⑪ $1\dfrac{13}{30}$

### 36단계 ▶▶ 88쪽

① $1\dfrac{1}{8}$  ② $1\dfrac{9}{35}$  ③ $1\dfrac{1}{6}$  ④ $1\dfrac{3}{10}$

⑤ $1\dfrac{5}{18}$  ⑥ $1\dfrac{1}{15}$  ⑦ $1\dfrac{1}{2}$  ⑧ $1\dfrac{1}{52}$

⑨ $1\dfrac{5}{24}$  ⑩ $1\dfrac{1}{48}$  ⑪ $1\dfrac{16}{45}$  ⑫ $1\dfrac{11}{60}$

### 37단계 ▶▶ 89쪽

① 2, 2, 3  ② 9, 2, 9, 2, 11

③ 예 $1\dfrac{2}{10}+3\dfrac{5}{10}=(1+3)+\left(\dfrac{2}{10}+\dfrac{5}{10}\right)=4\dfrac{7}{10}$

④ 예 $2\dfrac{7}{28}+2\dfrac{8}{28}=(2+2)+\left(\dfrac{7}{28}+\dfrac{8}{28}\right)=4\dfrac{15}{28}$

⑤ 예 $2\dfrac{4}{18}+4\dfrac{5}{18}=(2+4)+\left(\dfrac{4}{18}+\dfrac{5}{18}\right)=6\dfrac{9}{18}$
$=6\dfrac{1}{2}$

⑥ 예 $4\dfrac{4}{24}+1\dfrac{15}{24}=(4+1)+\left(\dfrac{4}{24}+\dfrac{15}{24}\right)=5\dfrac{19}{24}$

⑦ 예 $3\dfrac{3}{36}+1\dfrac{28}{36}=(3+1)+\left(\dfrac{3}{36}+\dfrac{28}{36}\right)=4\dfrac{31}{36}$

※ ③~⑦번은 풀이가 달라도 답이 맞으면 정답입니다.

### 37단계 ▶▶ 90쪽

① 3, $3\dfrac{5}{9}$  ② $5\dfrac{3}{5}$  ③ $4\dfrac{8}{15}$

④ $2\dfrac{11}{14}$  ⑤ $5\dfrac{17}{36}$  ⑥ $8\dfrac{17}{20}$

⑦ $5\dfrac{3}{4}$  ⑧ $4\dfrac{11}{24}$  ⑨ $5\dfrac{13}{24}$

⑩ $4\dfrac{13}{30}$  ⑪ $6\dfrac{23}{36}$  ⑫ $5\dfrac{29}{60}$

### 38단계 ▶▶ 91쪽

① 3, 4, 3, 4, 7, $4\dfrac{1}{6}$

② 예 $1\dfrac{5}{10}+3\dfrac{6}{10}=(1+3)+\left(\dfrac{5}{10}+\dfrac{6}{10}\right)=4\dfrac{11}{10}$
$=5\dfrac{1}{10}$

③ 예 $1\dfrac{4}{12}+1\dfrac{9}{12}=(1+1)+\left(\dfrac{4}{12}+\dfrac{9}{12}\right)=2\dfrac{13}{12}$
$=3\dfrac{1}{12}$

④ 예 $2\frac{3}{12}+2\frac{10}{12}=(2+2)+(\frac{3}{12}+\frac{10}{12})=4\frac{13}{12}$
$=5\frac{1}{12}$

⑤ 예 $1\frac{5}{6}+2\frac{4}{6}=(1+2)+(\frac{5}{6}+\frac{4}{6})=3\frac{9}{6}=4\frac{3}{6}$
$=4\frac{1}{2}$

⑥ 예 $3\frac{25}{30}+2\frac{14}{30}=(3+2)+(\frac{25}{30}+\frac{14}{30})=5\frac{39}{30}$
$=6\frac{9}{30}=6\frac{3}{10}$

⑦ 예 $3\frac{35}{40}+1\frac{7}{40}=(3+1)+(\frac{35}{40}+\frac{7}{40})=4\frac{42}{40}$
$=5\frac{2}{40}=5\frac{1}{20}$

※ ②~⑦번은 풀이가 달라도 답이 맞으면 정답입니다.

### 38단계 ▶▶ 92쪽

① 9, 4, 13, $4\frac{1}{12}$      ② $6\frac{1}{8}$

③ $6\frac{1}{9}$    ④ $8\frac{1}{7}$    ⑤ $6\frac{1}{5}$

⑥ $3\frac{2}{45}$    ⑦ $5\frac{9}{20}$    ⑧ $6\frac{13}{48}$

⑨ $9\frac{1}{4}$    ⑩ $7\frac{17}{24}$    ⑪ $8\frac{1}{36}$

### 39단계 ▶▶ 93쪽

① 7, 4, 21, 8, 29, $4\frac{5}{6}$

② 7, 13, 14, 13, 27, $2\frac{7}{10}$

③ 예 $\frac{5}{3}+\frac{9}{4}=\frac{20}{12}+\frac{27}{12}=\frac{47}{12}=3\frac{11}{12}$

④ 예 $\frac{9}{2}+\frac{10}{7}=\frac{63}{14}+\frac{20}{14}=\frac{83}{14}=5\frac{13}{14}$

⑤ 예 $\frac{7}{6}+\frac{13}{9}=\frac{21}{18}+\frac{26}{18}=\frac{47}{18}=2\frac{11}{18}$

⑥ 예 $\frac{27}{10}+\frac{22}{15}=\frac{81}{30}+\frac{44}{30}=\frac{125}{30}=\frac{25}{6}=4\frac{1}{6}$

⑦ 예 $\frac{11}{8}+\frac{19}{10}=\frac{55}{40}+\frac{76}{40}=\frac{131}{40}=3\frac{11}{40}$

※ ③~⑦번은 풀이가 달라도 답이 맞으면 정답입니다.

### 39단계 ▶▶ 94쪽

① 11, 13, 22, 13, 35, $8\frac{3}{4}$    ② $4\frac{13}{20}$

③ $2\frac{5}{9}$    ④ $4\frac{1}{15}$    ⑤ $3\frac{9}{16}$

⑥ $5\frac{11}{18}$    ⑦ $3\frac{13}{30}$    ⑧ $2\frac{17}{20}$

⑨ $4\frac{17}{24}$    ⑩ $3\frac{27}{35}$    ⑪ $6\frac{4}{33}$

### 40단계 ▶▶ 95쪽

① 11, 5, 11, 10, 21, 7, $3\frac{1}{2}$    ② $6\frac{1}{5}$

③ $7\frac{1}{12}$    ④ $3\frac{4}{21}$    ⑤ $4\frac{7}{18}$

⑥ $3\frac{5}{24}$    ⑦ $2\frac{13}{14}$    ⑧ $5\frac{1}{20}$

⑨ $4\frac{7}{30}$    ⑩ $4\frac{3}{35}$    ⑪ $3\frac{20}{33}$

### 40단계 ▶▶ 96쪽

① 4, 12, 20, 36, 56, $3\frac{11}{15}$    ② $5\frac{3}{10}$

③ $4\frac{3}{14}$    ④ $5\frac{1}{12}$    ⑤ $6\frac{1}{10}$

⑥ $4\frac{29}{35}$    ⑦ $4\frac{3}{20}$    ⑧ $3\frac{17}{30}$

⑨ $5\frac{1}{45}$    ⑩ $4\frac{17}{24}$    ⑪ $3\frac{7}{36}$

## 41단계 ▶▶ 97쪽

① $3\frac{2}{9}$  ② $6\frac{1}{10}$  ③ $6\frac{3}{16}$

④ $7\frac{1}{11}$  ⑤ $4\frac{1}{21}$  ⑥ $6\frac{1}{30}$

⑦ $4\frac{9}{28}$  ⑧ $8\frac{19}{30}$  ⑨ $6\frac{1}{22}$

⑩ $6\frac{5}{18}$  ⑪ $6\frac{7}{30}$  ⑫ $4\frac{11}{30}$

## 41단계 ▶▶ 98쪽

① $7\frac{3}{28}$  ② $4\frac{7}{24}$  ③ $3\frac{2}{15}$

④ $3\frac{1}{6}$  ⑤ $4\frac{11}{15}$  ⑥ $6\frac{1}{6}$

⑦ $4\frac{7}{60}$  ⑧ $4\frac{19}{24}$  ⑨ $6\frac{13}{60}$

⑩ $4\frac{13}{48}$  ⑪ $5\frac{3}{28}$

## 42단계 ▶▶ 99쪽

① $1\frac{5}{36}$  ② $1\frac{3}{14}$  ③ $5\frac{31}{45}$

④ $3\frac{37}{60}$  ⑤ $6\frac{3}{50}$  ⑥ $5\frac{21}{80}$

⑦ $4\frac{1}{36}$  ⑧ $6\frac{17}{42}$  ⑨ $\frac{31}{45}$

⑩ $7\frac{7}{60}$  ⑪ $6\frac{5}{12}$

## 42단계 ▶▶ 100쪽

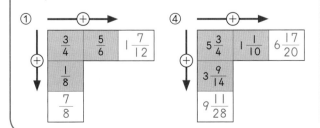

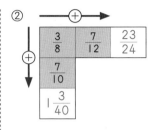

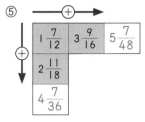

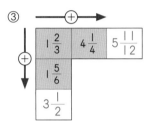

## 43단계 ▶▶ 101쪽

① 4, 3, 1  ② 2, 3  ③ $\frac{3}{14}$  ④ $\frac{5}{18}$

⑤ $\frac{7}{20}$  ⑥ $\frac{1}{2}$  ⑦ $\frac{5}{24}$  ⑧ $\frac{13}{30}$

⑨ $\frac{4}{33}$  ⑩ $\frac{1}{2}$  ⑪ $\frac{1}{36}$  ⑫ $\frac{3}{10}$

## 43단계 ▶▶ 102쪽

① $\frac{1}{4}$  ② $\frac{2}{15}$  ③ $\frac{5}{18}$  ④ $\frac{16}{35}$

⑤ $\frac{17}{40}$  ⑥ $\frac{1}{4}$  ⑦ $\frac{4}{9}$  ⑧ $\frac{5}{18}$

⑨ $\frac{1}{24}$  ⑩ $\frac{7}{45}$  ⑪ $\frac{8}{15}$  ⑫ $\frac{7}{30}$

## 44단계 ▶▶ 103쪽

① 4, 4, 1  ② 4, 3, 4, 3, 1

③ 예) $2\frac{12}{20}-1\frac{5}{20}=(2-1)+(\frac{12}{20}-\frac{5}{20})=1\frac{7}{20}$

④ 예) $6\frac{9}{72}-4\frac{8}{72}=(6-4)+(\frac{9}{72}-\frac{8}{72})=2\frac{1}{72}$

⑤ 예 $3\frac{12}{14}-1\frac{11}{14}=(3-1)+(\frac{12}{14}-\frac{11}{14})=2\frac{1}{14}$

⑥ 예 $5\frac{21}{24}-3\frac{20}{24}=(5-3)+(\frac{21}{24}-\frac{20}{24})=2\frac{1}{24}$

⑦ 예 $4\frac{20}{36}-1\frac{15}{36}=(4-1)+(\frac{20}{36}-\frac{15}{36})=3\frac{5}{36}$

※ ③~⑦번은 풀이가 달라도 답이 맞으면 정답입니다.

### 44단계 ▶▶ 104쪽

① $2,1,3\frac{1}{4}$　　② $3\frac{1}{12}$　　③ $3\frac{5}{12}$

④ $3\frac{9}{40}$　　⑤ $4\frac{11}{24}$　　⑥ $4\frac{11}{50}$

⑦ $2\frac{5}{21}$　　⑧ $4\frac{1}{45}$　　⑨ $2\frac{7}{36}$

⑩ $2\frac{4}{9}$　　⑪ $2\frac{2}{9}$　　⑫ $4\frac{1}{6}$

### 45단계 ▶▶ 105쪽

① $4,9,4,9,4,4\frac{5}{6}$　　② $2,10,10,2\frac{5}{8}$

③ 예 $7\frac{5}{15}-4\frac{9}{15}=6\frac{20}{15}-4\frac{9}{15}$
$=(6-4)+(\frac{20}{15}-\frac{9}{15})=2\frac{11}{15}$

④ 예 $5\frac{5}{10}-3\frac{8}{10}=4\frac{15}{10}-3\frac{8}{10}$
$=(4-3)+(\frac{15}{10}-\frac{8}{10})=1\frac{7}{10}$

⑤ 예 $3\frac{8}{22}-1\frac{13}{22}=2\frac{30}{22}-1\frac{13}{22}$
$=(2-1)+(\frac{30}{22}-\frac{13}{22})=1\frac{17}{22}$

⑥ 예 $6\frac{9}{30}-5\frac{25}{30}=5\frac{39}{30}-5\frac{25}{30}$
$=(5-5)+(\frac{39}{30}-\frac{25}{30})=\frac{14}{30}$
$=\frac{7}{15}$

⑦ 예 $4\frac{9}{24}-2\frac{14}{24}=3\frac{33}{24}-2\frac{14}{24}$
$=(3-2)+(\frac{33}{24}-\frac{14}{24})=1\frac{19}{24}$

※ ③~⑦번은 풀이가 달라도 답이 맞으면 정답입니다.

### 45단계 ▶▶ 106쪽

① $5,6,15,6,9$　　② $1\frac{9}{20}$　　③ $3\frac{7}{8}$

④ $5\frac{10}{21}$　　⑤ $1\frac{13}{30}$　　⑥ $1\frac{41}{72}$　　⑦ $4\frac{19}{24}$

⑧ $3\frac{5}{18}$　　⑨ $2\frac{14}{15}$　　⑩ $2\frac{19}{20}$　　⑪ $2\frac{11}{20}$

### 46단계 ▶▶ 107쪽

① $11,13,33,26,7,1\frac{1}{6}$

② $23,7,46,21,25,1\frac{7}{18}$

③ 예 $\frac{23}{5}-\frac{3}{2}=\frac{46}{10}-\frac{15}{10}=\frac{31}{10}=3\frac{1}{10}$

④ 예 $\frac{17}{3}-\frac{9}{4}=\frac{68}{12}-\frac{27}{12}=\frac{41}{12}=3\frac{5}{12}$

⑤ 예 $\frac{19}{4}-\frac{43}{12}=\frac{57}{12}-\frac{43}{12}=\frac{14}{12}=\frac{7}{6}=1\frac{1}{6}$

⑥ 예 $\frac{19}{3}-\frac{17}{7}=\frac{133}{21}-\frac{51}{21}=\frac{82}{21}=3\frac{19}{21}$

⑦ 예 $\frac{19}{6}-\frac{13}{10}=\frac{95}{30}-\frac{39}{30}=\frac{56}{30}=1\frac{26}{30}=1\frac{13}{15}$

※ ③~⑦번은 풀이가 달라도 답이 맞으면 정답입니다.

### 46단계 ▶▶ 108쪽

① $27,5,27,10,17,4\frac{1}{4}$　　② $2\frac{1}{21}$

③ $2\frac{1}{12}$　　④ $1\frac{1}{15}$　　⑤ $2\frac{2}{3}$

⑥ $2\frac{3}{5}$　　⑦ $1\frac{17}{18}$　　⑧ $1\frac{6}{7}$

⑨ $1\frac{11}{24}$   ⑩ $2\frac{19}{24}$   ⑪ $\frac{41}{50}$

### 47단계 ▶▶ 109쪽

① $35, 9, 35, 18, 17, 2\frac{1}{8}$   ② $1\frac{7}{10}$

③ $3\frac{11}{14}$   ④ $1\frac{11}{24}$   ⑤ $1\frac{3}{14}$

⑥ $1\frac{23}{28}$   ⑦ $\frac{23}{30}$   ⑧ $3\frac{9}{20}$

⑨ $1\frac{5}{6}$   ⑩ $\frac{13}{27}$   ⑪ $1\frac{17}{44}$

### 47단계 ▶▶ 110쪽

① $19, 3, 19, 9, 10, 5, 1\frac{2}{3}$   ② $2\frac{7}{12}$

③ $\frac{11}{15}$   ④ $1\frac{35}{36}$   ⑤ $2\frac{7}{9}$

⑥ $1\frac{27}{40}$   ⑦ $2\frac{1}{2}$   ⑧ $\frac{47}{56}$

⑨ $1\frac{5}{14}$   ⑩ $\frac{23}{24}$   ⑪ $1\frac{41}{48}$

### 48단계 ▶▶ 111쪽

① $3\frac{11}{12}$   ② $1\frac{1}{2}$   ③ $2\frac{11}{14}$

④ $1\frac{23}{24}$   ⑤ $1\frac{15}{16}$   ⑥ $3\frac{9}{10}$

⑦ $\frac{17}{18}$   ⑧ $2\frac{13}{24}$   ⑨ $1\frac{20}{33}$

⑩ $3\frac{25}{26}$   ⑪ $\frac{34}{45}$   ⑫ $2\frac{13}{15}$

### 48단계 ▶▶ 112쪽

① $1\frac{11}{15}$   ② $2\frac{15}{28}$   ③ $2\frac{23}{26}$

④ $5\frac{31}{40}$   ⑤ $\frac{35}{36}$   ⑥ $4\frac{17}{40}$

⑦ $3\frac{44}{45}$   ⑧ $3\frac{41}{56}$   ⑨ $\frac{43}{60}$

⑩ $3\frac{49}{60}$   ⑪ $4\frac{41}{48}$

### 49단계 ▶▶ 113쪽

① $\frac{1}{10}$   ② $\frac{5}{48}$   ③ $2\frac{1}{7}$

④ $3\frac{49}{60}$   ⑤ $2\frac{25}{28}$   ⑥ $2\frac{5}{6}$

⑦ $2\frac{47}{50}$   ⑧ $2\frac{37}{42}$   ⑨ $\frac{1}{30}$

⑩ $3\frac{5}{8}$   ⑪ $3\frac{79}{90}$

### 49단계 ▶▶ 114쪽

① 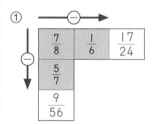   ④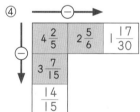

② 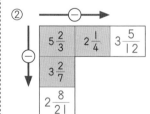   ⑤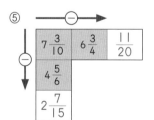

③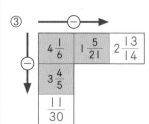

## 50단계 ▶▶ 115쪽

① $1\dfrac{2}{9}$　　② $5\dfrac{11}{20}$　　③ $\dfrac{11}{24}$　　④ $1\dfrac{43}{50}$

## 50단계 ▶▶ 116쪽

① $5\dfrac{1}{12}$　　② $4\dfrac{19}{24}$　　③ $4\dfrac{5}{12}$　　④ $4\dfrac{11}{12}$

### 다섯째 마당 · 다각형의 둘레와 넓이

## 51단계 ▶▶ 119쪽

① 3, 12　　② 4, 20　　③ 6, 30
④ 3, 6, 18　　⑤ 2, 8, 16　　⑥ 5, 7, 35
⑦ 4, 9, 36

## 51단계 ▶▶ 120쪽

① 3, 5　　② 4, 3　　③ 5, 6
④ 24, 6, 4　　⑤ 27, 3, 9　　⑥ 48, 6, 8
⑦ 28, 7, 4　　⑧ 40, 8, 5

## 52단계 ▶▶ 121쪽

① 3, 16　　② 2, 18　　③ 4, 20
④ 10, 9, 38　　⑤ 3, 14　　⑥ 4, 20
⑦ 8, 5, 26　　⑧ 11, 7, 36

## 52단계 ▶▶ 122쪽

① 4, 12　　② 4, 20　　③ 6, 4, 24
④ 8, 4, 32　　⑤ 4, 28　　⑥ 4, 16
⑦ 10, 4, 40　　⑧ 12, 4, 48

## 53단계 ▶▶ 123쪽

① 2, 8　　② 4, 12　　③ 6, 24
④ 2, 7, 14　　⑤ 2, 4　　⑥ 3, 3, 9
⑦ 5, 5, 25　　⑧ 8, 8, 64

## 53단계 ▶▶ 124쪽

① 15 cm$^2$　　② 48 cm$^2$　　③ 36 cm$^2$
④ 50 cm$^2$　　⑤ 16 cm$^2$　　⑥ 49 cm$^2$
⑦ 36 cm$^2$　　⑧ 81 cm$^2$

## 54단계 ▶▶ 125쪽

① 3, 12　　② 2, 10　　③ 3, 18
④ 9, 4, 36　　⑤ 7, 5, 35　　⑥ 3, 9, 27
⑦ 10, 4, 40　　⑧ 6, 8, 48

## 54단계 ▶▶ 126쪽

① 18 cm$^2$　　② 24 cm$^2$　　③ 35 cm$^2$
④ 21 cm$^2$　　⑤ 81 cm$^2$　　⑥ 44 cm$^2$
⑦ 60 cm$^2$　　⑧ 72 cm$^2$

## 55단계 ▶▶ 127쪽

① 2, 5　　② 4, 6　　③ 3, 12
④ 6, 4, 12　　⑤ 8, 6, 24　　⑥ 5, 6, 15
⑦ 6, 9, 27　　⑧ 10, 5, 25

## 55단계 ▶▶ 128쪽

① 10 cm$^2$　　② 7 cm$^2$　　③ 18 cm$^2$
④ 18 cm$^2$　　⑤ 20 cm$^2$　　⑥ 33 cm$^2$
⑦ 12 cm$^2$　　⑧ 100 cm$^2$

← 정답

### 56단계 ▶ 129쪽

① 3, 9    ② 5, 10    ③ 7, 14
④ 8, 6, 24    ⑤ 5, 12, 30    ⑥ 14, 4, 28
⑦ 6, 7, 21

### 56단계 ▶ 130쪽

① 12 cm²    ② 12 cm²    ③ 33 cm²
④ 50 cm²    ⑤ 16 cm²    ⑥ 30 cm²
⑦ 56 cm²    ⑧ 80 cm²

### 57단계 ▶ 131쪽

① 3, 9    ② 2, 10    ③ 2, 20
④ 7, 4, 18    ⑤ 6, 8, 44    ⑥ 7, 5, 40
⑦ 12, 4, 34    ⑧ 9, 10, 65

### 57단계 ▶ 132쪽

① 32 cm²    ② 55 cm²    ③ 50 cm²
④ 34 cm²    ⑤ 63 cm²    ⑥ 40 cm²
⑦ 140 cm²    ⑧ 70 cm²

### 58단계 ▶ 133쪽

① 70    ② 36    ③ 30    ④ 110

### 58단계 ▶ 134쪽

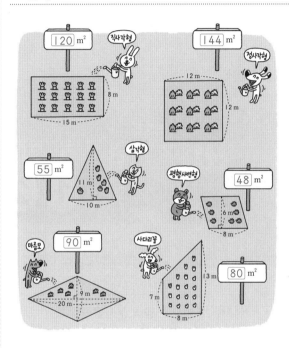

## 알찬 교육 정보도 만나고 출판사 이벤트에도 참여하세요!

### 1. 바빠 공부단 카페
cafe.naver.com/easyispub

네이버 '바빠 공부단' 카페에서 함께 공부하세요! 책 한 권을 다 풀면 다른 책 1권을 드리는 '바빠 공부단(상시 모집)' 제도도 있어요!

### 2. 인스타그램＋카카오 플러스 친구
@easys_edu 이지스에듀 검색!

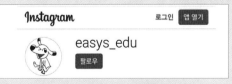

'이지스에듀' 인스타그램을 팔로우하세요! 바빠 시리즈 출간 소식과 출판사 이벤트, 구매 혜택을 가장 먼저 알려 드려요!

# 이렇게 공부가 잘 되는 영어 책 봤어?
# 손이 기억하는 영어 훈련 프로그램!

정확한 문법으로 영어 문장을 만든다!

초등 기초 영문법은 물론 중학 기초 영문법까지
해결되는 책!

\* 3·4학년용 영문법도 있어요!

첨삭 없이 공부할 수 있는 첫 번째 영작 책!

연필 잡고 쓰기만 하면 1형식부터
5형식 문장을 모두 쓸 수 있다!

띄엄띄엄 배웠던 시제를 한 번에 총정리!

동사의 3단 변화도 저절로 해결!

과학적 학습법이 총동원된 책!

짝단어로 외우니 효과 2배!

\* 3·4학년용 영단어도 있어요!

# '바쁜 5·6학년을 위한 빠른 분수'

하~ 자꾸 분수만 틀리네? 분수만 모아 놓은 문제집 어디 없나?

명강사들의 강력 추천!

"영역별로 공부하면 선행할 때도 빨리 이해되고, 복습할 때도 효율적입니다."

**연산 총정리!** 중학교 입학 전에 끝내야 할 분수 총정리

초등 연산의 완성인 분수 영역이 약하면 중학교 수학을 포기하기 쉽다!
고학년은 몰입해서 10일 안에 분수를 끝내자!

**영역별 완성!** 고학년은 영역별 연산 훈련이 답이다!

고학년 연산은 분수, 소수 등 영역별로 훈련해야 효과적이다!

**탄력적 배치!** 고학년은 고학년답게! 효율적인 문제 배치!

쉬운 내용은 압축해서 빠르게, 어려운 문제는 충분히 공부하자!

## 5·6학년용 '바빠 연산법'

지름길로 가자! 고학년 전용 연산책

분수

소수

곱셈

나눗셈

바쁜 3·4학년을 위한 빠른 연산법 - 덧셈, 뺄셈, 곱셈, 나눗셈도 있어요!

바쁜 친구들이 즐거워지는 **빠른** 학습서
# "덜 공부해도 더 빨라지네!"

> 연산 기초를 잡는 획기적인 책!
> 교과 공부에도 직접 도움이 돼요!
> 남정원 원장(대치동 남정원수학)

> 학습 결손이 생겼을 때 취약한
> 연산만 보충해 줄 수 있어요!
> 김정희 원장(일산 마두학원)

## 📖 교과 연계용 **바빠 교과서 연산**

이번 학기 필요한 연산만 모은 **학기별** 연산책

- **수학 전문학원 원장님들의 연산 꿀팁 수록!**
  – 연산 꿀팁으로 계산이 빨라져요!
- **학교 진도 맞춤 연산!**
  – 단원평가 직전에 풀어 보면 효과적!
- **친구들이 자주 틀린 문제** 집중 연습!
  – 덜 공부해도 더 빨라지네?
- 스스로 집중하는 **목표 시계의 놀라운 효과!**

\* 중학연산 분야 1위! '바빠 중학연산'도 있습니다!

## 📖 결손 보강용 **바빠 연산법**

분수든 나눗셈이든 골라 보는 **영역별** 연산책

- 바쁜 초등학생을 위한 빠른 **구구단**
  **– 시계와 시간**, 길이와 시간 계산, **약수와 배수**,
  – **평면도형 계산**, 입체도형 계산, 비와 비례
  – **자연수의 혼합 계산**, 분수와 소수의 혼합 계산
- 바쁜 3·4학년을 위한 빠른
  – 덧셈, 뺄셈, **곱셈**, **나눗셈**, 분수, 방정식
- 바쁜 5·6학년을 위한 빠른
  – 곱셈, **나눗셈**, **분수**, 소수, 방정식

64410

⚠ 주의
책 모서리에 찍히거나
책장에 베이지 않게
조심하세요.

9 791163 030898

ISBN 979-11-6303-089-8
ISBN 979-11-6303-032-4 (세트)

가격 9,000원

바쁜 5학년을 위한

# 빠른 교과서 연산

수학 전문학원의
**연산 꿀팁**으로
계산이 빨라져요!

학교 진도
맞춤 연산 **5-2학기**

🕐 **5분 공부해도 15분 공부한 효과!**

▪ 친구들이 자주 틀린 연산을 모아 푸는 게 비법!
▪ 스스로 집중하는 **목표 시계**의 놀라운 효과!

이지스에듀

## 바빠 교과서 연산을 풀면
# 왜 수학 성적이 오를까?

- 이번 학기 연산을 한 권에 담은 또 하나의 수학 익힘책!
  이번 학기 진도에 맞춰 푸니 예습, 복습이 저절로 되네!

- 5학년이 자주 틀린 연산을 집중 훈련하는 똑똑한 연산 책!
  친구들이 틀린 문제를 푸는 게 더 빠른 비법이다!

- 스스로 집중하는 목표 시계의 놀라운 효과!
  "웃는 얼굴에만 색칠하고 싶어요!" 연산 게임처럼 몰입하게 된다!

- 수학 전문학원들의 연산 꿀팁 수록!
  적은 분량을 공부해도 계산이 2배 더 빨라진다!

내 이름은 바빠독

바쁜 5학년을 위한

# 빠른 교과서 연산

바쁜 친구들의 빠른 학습을 돕는 dog

---

이 책을 경험한 학부모들의 찬사!

## "덜 공부해도 더 빨라져요!"
시간을 낭비하지 않는 학습 설계! 바빠 시리즈!

이 책은 무엇보다 지겹지 않아 부담 없이 풀기 좋아요! - 김*영님

아이가 헷갈려하는 부분을 쏙쏙 뽑아 연습할 수 있네요! - 한결맘님

연산 싫어하던 아이가 이 책은 재밌다며 또 풀고 싶대요! - 미니2님

---

*우리는 아이들을 탈락시키지 않고 모두 목적지까지 데리고 갑니다! **이지스에듀**